日本の淡水魚を訪ねて

――川と魚をよむ

文・写真　富永浩史
〔監修〕　渡辺昌和

関西学院大学出版会

日本の淡水魚を訪ねて

——川と魚をよむ——

文・写真　富永浩史

［解説］渡辺昌和

目次

はじめに

僕は日本の淡水魚にとても興味があり、以前より、地元である芦屋市の芦屋川や、毎年夏休みに祖母の住む京都府宇治市に帰省した時に、宇治川周辺で魚の採集をしていた。採集しながら魚の生息する環境を観察し、自分の考えたことを採集記録ノートに記したり、魚やその生息環境の写真を撮影して記録として残したり、時に採集した魚を持ち帰って飼育観察をしている。二〇〇一年、ある先生と出会ったことによって、大きく世界が変わることとなった。

『川と魚の博物誌』、その一年ほど前、偶然本屋で見つけたこの本は、美しい写真に惹かれて即買ってしまったのだが、僕の淡水魚に関する興味をより大きくしてくれた。この本で初めて知った地域変異という概念は、近年、とても重要なものとなっている。地域変異とは、現在同じ種類とされている淡水魚でも、生息している地域によって形態・性質・遺伝的に異なっていることである。このことから、その地域に棲んでいるある種の魚は、その地域特有のものであり、他の地域の同種と互換性の無い、貴重なものであるという考えが広まってきている。その裏には、太古の日本の地形変動の歴史や、大陸からの幾度にわたる淡水魚の進入などについてのヒントも隠されており、とても興味を惹かれる。

渡辺昌和先生は『川と魚の博物誌』の著者であり、東京の京華中学・高等学校で生物の教師をされつつ、淡水魚の地域変異と日本の河川の多様性に興味を持ち、日本全国の淡水魚の生息地を訪れて、採集・飼育・撮影を続けておられる方である。長くお付き合いのある淡水魚関係の方のご好意から、渡辺先生のセミナーを知り、二〇〇一年五月、そのセミナーに参加することとなった。セミナーは興味深い内容ばかりでとても感動した。そして、セミナー終了後に個人的にお話しをさせてもらいに行き、住所とメールアドレスを教えていただいたのである。これが全ての始まりとなった。

僕は淡水魚がとても好きなのだが、実際に採集をしたことがあるのは家の近くの芦屋川と、毎年の京都府宇治市周辺だけで、多くはペットショップなどで購入して飼育していた。そんな中、二〇〇二年二月、渡辺先生より関東地方の淡水魚を見せてあげるから採集した魚を送ると連絡があった。そして、アカヒレタビラやキンブナ、ジュズカケハゼなどたくさんの魚が送られてきた。とてもうれしく、本当に感謝感激であったが、今の自分のスタイルは何か間違っている気がしたのである。やはり、その魚が棲んでいる場所をこの目で見なければならない、見てみたい。去年、宇治川で初めてカネヒラを採集してから、野外で実際に、好きな魚を見ることに感動を覚え、先生のセミナー以後、特に思い始めていたことだが実行できないままいた。それはまだ、たくさん費用をかけて遠くまで、見られるかわからない淡水魚を見に行くなんて……という気持ちと、何か自信の無さがあったのだと思う。買おうと思えば近くで、旅費以下で買うことができる。というよりむしろ、魚を買って飼育することが当たり前の状態となっていた。しかし、このような考えは全くの物知らずであったと思うこととなる。

ちょうどその頃、「青春18きっぷ」という、二三〇〇円でＪＲの特急・急行・新幹線・グリーン車以外が、丸一日乗り放題という切符が存在することを知る。この切符は春・夏・冬の学校の長期休暇に合わせて発売され、「よし、今年の春休みはこれを使って遠くまで魚を見に行くぞ！」と決心する。そこでまずは、先生が送って下さった魚の故郷である関東に初めて行こうと決めた。そのことを先生に伝えると、なんと先生が地元を案内して下さるという。「やったー！　これほどありがたいことはない！」。先生とメールをやり取りし、三月二一日に行くことが決定したのである。

いかにも何かいそうな川

関東遠征

二〇〇二年三月二〇日（水）〜二一日（木）

計画が決定したのが約一ヶ月前。青春18きっぷを使うこと、関東に朝早くに着くことを考えて、行きは夜行快速列車を使うことにする。快速「ムーンライトながら」は、岐阜県の大垣―東京を結ぶ定期の夜行列車である。この列車、青春18きっぷが使える期間は非常に人気が高く、全席指定のため指定席を取るのが大変だという。自分にとっていろいろな意味であこがれの列車だ。指定券は発車日の一ヶ月前の午前一〇時から、みどりの窓口で一斉に発売される。発売後すぐに売り切れるとのことから、発売と同時に買いに行きたいところだが、その日は学校で行けないため、みどりの窓口の方に事前にお願いして予約していただいた。この時のみどりの窓口の方がとても親切で、「ムーンライトながら」の指定席を無事取ることができた。この時は宝物を手にした気分だった。本当に感謝でいっぱいである。次の日が三学期の終業式であったため、帰りは贅沢をして新幹線で帰ることにした。

いよいよ出発当日、学校なら出発直前の準備も前日に早々と済ませ、まずは「ムーンライトながら」の始発駅、大垣へと向かう。大垣駅二三時〇九分発の時刻に間に合うように、時刻表を片手に予定していた列車を乗り継いでいく。電車で移動するのは全く苦にならな

快速「ムーンライトながら」

いので、道中ずっとうきうき気分だ。しかも行き先は初めて足を踏み入れる地である。この気分は格別だ。予定通り、「ムーンライトながら」の発車時刻の三〇分ほど前、二時間半かけて大垣に到着した。ここからが旅の本番、発車の一〇分ほど前に列車が入線し、あこがれの「ムーンライトながら」に乗り込む。昼間は特急に使用している車両というだけあって乗り心地はとてもよい。東京へ向けて約五時間半の長旅のスタートだ。リクライニングシートの車両で消灯もされないため、アイマスクをつけて眠りにつこうとする。しかし、乗り心地の良さと寝やすさはまた別のようで、気分の高まりと相まって、途中駅に到着するたびに目が覚めるという浅い眠りの状態で、二一日四時四二分、東京駅に到着する。初めて生で見る東京駅に感慨を深めつつ、今度は先生の待つ埼玉県へ向かって乗り換えだ。山手線、東武鉄道を乗り継ぎ、六時半頃、先生と合流した。約一〇時間半の長旅のことなど話をしながら、先生の「採集特別仕様車」に乗り込み、早速採集へ向かう。

最初のポイントは、先生の著書『魚の目から見た越辺川』の舞台であり、先生の地元でもある荒川の支流、越辺川だ。ウェーダー※1を履いて川の中へ。中規模くらいの川だが思ったよりも浅く、川底は砂、または砂礫である。このポイントは河川改修で大きく改変され、浅く単調な環境となってしまったと先生。それでも、川岸の植物を足で蹴りながら網に追い込むと、ウグイ、アブラハヤ、オイカワなどが入った。ウグイとアブラハヤは関東地方では一般的な魚であるが、瀬戸内海周辺地域ではなかなか見られず、早速、地元との違いを実感することとなる。先生の魚を採る技術はやはり熟練していてすごい。まるで隠れている魚が見えているようである。川底を掘り返すようにして網に追い込むと、一度に何匹

※1　ウェーダー

ものシマドジョウが入った。すくえば必ず採れるという状態だ。シマドジョウは砂の中に潜っていて、歩いたときに砂に足が沈み込むような場所にたくさんいる。シマドジョウは体に丸や線状の模様が並ぶ美しいドジョウの一種である。関東地方のシマドジョウは関西のものより小型でかわいらしく、もともと変異が多い体の模様も、もちろん関西のものとは違っている。さらに砂の中を探していると、ついにジュズカケハゼが採れた。この魚も僕の地元周辺では見られない。ジュズカケハゼは珍しくメスに婚姻色[※2]が出る魚で、真っ黒に染まった大きなひれに、体には黄色の縞が入ったきれいな色をしている。先生の話によると、関東地方の河川に棲むジュズカケハゼは全国的に見ると特殊で、他地域のものの多くが海からあまり離れていない中流域に棲むのに対し、関東地方のものは川のかなり上流まで棲み、砂に潜る性質があるという。同じ関東地方産でも、霞ケ浦のものは砂に潜ることはないそうだ。また、ジュズカケハゼはウキゴリ属に分類され、この属の魚は他のハゼのように、あまり底をはいずりまわるような魚ではなく、その名の通り、ホバリングといってふわふわと水中を漂うことが多い（そのため浮きゴリ（ゴリとはハゼのこと）と呼ばれる）。ところが、関東地方の河川に棲むジュズカケハゼはほとんどホバリングをしない。この性質は飼育することで初めて分かることで、実際に家の水槽でも餌の時以外はほとんど着底している。飼育して自分の目で見て初めて気づくこともある、これが先生の持論の一つである。越辺川では他に、モツゴ、カマツカ、ドジョウ、トウヨシノボリを見ることができた。トウヨシノボリは、オスの第一背びれの先端が伸長せず、一生を河川で過ごすタイプである。

※2　産卵期に現れる独特な色で、美しい色であることが多い

次はヌマムツを見るべく、埼玉県内の川を探る。近似種にカワムツがおり、かつては両種まとめてカワムツとされていたが、近年になってヌマムツとカワムツの二種に分けられている。実はこのヌマムツとカワムツは、江戸時代に長崎の出島に派遣されてきたシーボルトによって、二種に分けられていたものが、標本の形質上、重なりが多いということから一種にまとめられていたのである。しかし、再び二種の存在に気づき、分類したのが渡辺先生であった。先生は小学校四年の頃に、これらを飼育することで二種の存在に気づき、大学で研究を重ねられ、二種に分けるに至ったのである。これら二種の違いは、ヌマムツは尻びれ、尾びれのみが黄色く、他のひれの前縁が赤く縁取られ、尖り気味の顔つきをしているが、カワムツは全てのひれが黄色く、背びれの前縁のみが赤く縁取られ、丸い頭の形をしている。標本では色が抜けてしまうので、これらの違いは実際に生きている魚を観察して明瞭にわかることである。また、ヌマムツは主に河川下流部や湖など止水域に生息するのに対し、カワムツは主に川の中・上流域の淵に生息している。他にも同所的に分布する場合でも交雑しないことや、尻ビレの条数・側線鱗数[※1]に違いがある。全国を巡り、自分の目で魚を見てきた渡辺先生ならではの発見である。

実はヌマムツもカワムツも関東地方には天然分布せず、アユなどの移殖に伴って定着したそうである。カワムツは芦屋川にたくさん生息しているが、ヌマムツは野外では見たことがない。埼玉県の小さな川では、ヌマムツの幼魚がオイカワなどとともにたくさん見られた。二つの川を訪れたが、どちらも左右が護岸され、流れの緩い泥の積もった川であった。そのうち一つの川で、たくさんのヌマムツとオイカワの幼魚に混じって、少し感じの

※1　側線上にある鱗の枚数

違う魚を見つけた。「これ、ちょっと変じゃないですか?」と聞くと「あ、それが〝オイムツ〟だよ」と先生。〝オイムツ〟とはヌマムツもしくはカワムツとオイカワの交雑種のことである。ここでは、ヌマムツとオイカワの交雑種である。オイカワとヌマムツは全体的な感じも似ているが、産卵場所や産卵生態も似ている。関東地方に元々いたオイカワと移殖されたヌマムツの産卵期が重なり、特に渇水などで水量が減った時に多く雑種ができるそうだ。オイカワもヌマムツも、夏に浅瀬でつがいを作って産卵する。大きく優位なオスとメスがペアを作るのだが、弱いオスたちは産卵が開始された瞬間にペアの間に飛び込んで放精する。自分の子孫を残そうとする戦略である。ところがその時に、別種の個体がペアに飛び込んで雑種ができることがある。先生の観察によると一〇〇%、ヌマムツのつがいにオイカワのオスが飛び込むという。ヌマムツの体には黒い縦条が一本入っているが、オイカワにはない。ところが、産卵の直前に、ヌマムツのメスは黒い縦条を消してしまい、それを同種と勘違いしたオイカワが飛び込むそうである。魚の生態のおもしろさを感じた。

この川ではヌマムツは幼魚しか採れなかった。川の中を歩いても大きな個体は見当たらない。先生の話では去年の夏に一度干上がったらしく、幼魚だけが生き残ったそうである。川の姿は健全でないようである(移入種がいることがすでに健全でないと言えるかもしれないが)。この場所では他に、アブラハヤやタモロコ、フナ類が採れた。タモロコは産卵前でおなかがパンパンであった。フナはぱっと見、キンブナであるが、背びれの条数がキンブナの範囲より多いという変わったフナである。幼魚を持ち帰ったヌマムツは早い成長を見せ、現在では一〇センチを越え、オスは鮮やかな赤い婚姻色と、体の濃紺の縦条、尻びれ・尾びれの黄色が見事にマッチした美しい魚となっている。とても飼い易く、お気に入りの魚の一つである。

今度は栃木県へ移動する。昨夜「ムーンライトながら」であまり眠れなかったせいか、眠気に襲われ、移動中の車の中で寝てしまった。これが一人での採集だったらえらいことになっていただろうなぁ。先生は、だれでも始めに経験することだと言っておられた。先生も、車の免許がない頃は夜行列車で遠くまで出かけたそうだ。普通の座席と寝台ではあまり眠れなくても疲れが全然違うそうで、車を使わないときは寝台列車も利用するそうである。今度は寝台列車も試してみようかと思う。

栃木へ行く途中で昼食をとり、県営さいたま水族館[※1]に連れて行ってもらった。珍しい淡水魚水族館で、一般的な魚から関東地方のみに分布する天然記念物のミヤコタナゴの他に、ソウギョやアオウオ、チャンネルキャットといった、関東地方で繁殖している外来種も展示されていた。展示されている魚の状態があまり良くなかったのは残念だった。

また車の中で眠り、栃木県に入って採集ポイントへ。始めに訪れた川は、護岸はされているが大き目の石が多く、抽水植物[※2]が川岸を覆っている。網を入れると芦屋川で見慣れたカワムツがたくさん採れる。カワムツは近年、関東地方で増えているそうだ。カワムツが増えると、在来のウグイやアブラハヤが減少する傾向があるらしく、外来種だけでなく、このような国内移入種も大きな問題を抱えている。実際、採れた魚の大部分はカワムツであった。川岸の植物を蹴って追い込むと、ヒゲの生えた黒くてかわいらしい魚が採れた。ギバチの幼魚である。ギバチは関東地方以北に分布するナマズの仲間で、あまり人の手が

※１　埼玉県羽生市にある、全国でも珍しい淡水生物のみを展示している水族館。

※２　葉や茎は空気中にあり、根を水中に張って固着生活する植物。

加えられていない、水のきれいな川に棲む魚である。幼魚は岸辺の植物の間に、成魚は岩の間に潜んでいることが多いため、どちらかが欠けると姿を消してしまうという。あまり泳ぐ魚ではないので、河川改修などで川の環境が単調になると大打撃を受けてしまう。その点で、この川はまだギバチの棲める環境が残されていると言えそうだ。しかしながらかなり泥が積もっていて、ギバチの確認は一匹にとどまった。泥が多量に積もっているということは、長い期間、川の流量が低下している証である。泥はなにも全てが悪いわけではない。魚のいる川の泥とヘドロとは別物である。ヘドロではないが、なんとなく、良くない印象の泥濁りに感じた。何かしら、この川に異変が起きつつあるのかもしれない。他にはオイカワ、キンブナ、シマドジョウが採れた。

次への移動の途中、先生がホトケドジョウのいそうな細流を見つけ、試しに網を入れるが、そこでは小さく細いドジョウが採れただけであった。

そして、タナゴ類が採れるという細流に向かう。そこはコンクリートの堰のような物があり、堰の上流側は幅五〇センチほどの素掘り水路のようなところであった。こんなところにタナゴがいるのかと思ったが、先生がまず川に入って追い込むと、目も覚めるような鮮やかな色をしたアカヒレタビラが現れた。「うわぁ……」。思わずため息が出る。特徴である真っ赤なひれ、体はグリーンに輝いている。こんなにきれいなタナゴを見たのは初めてだ。タナゴ類は生きた淡水産二枚貝に産卵するという変わった生態を持つ淡水魚で、産卵期のオスはどの種類も美しい婚姻色に身を包む。本当に濃厚な色だ。野生ならではの色なのだろう。実際、持ち帰って飼ってみると、しばらくするとあの濃厚な婚姻色はかなり薄くなってしまい、夏の高水温で退色してしまった。しかし、水温が下がってきた現在、徐々に色が復活してきている。本来は春に産卵するので、来年にはきっと美しい婚姻色を見せてくれるだろう。成魚のほかに一センチくらいの幼魚も採れた。ここでは他に、モツゴ、ドジョウ、シマドジョウ、トウヨシノボリを確認。シマドジョウは越辺川のものとはやや違った雰囲気である。

最後に、帰りの新幹線の時刻を気にしながら、先生がホトケドジョウを見ることができる場所に連れて行って下さった。そこは上流側に何段もの魚道のようなものがついた堰が連なり、幅一メートルほど、水深一〇センチほどのまさに細流である。カワムツとアブラハヤの幼魚とともに、ホトケドジョウやスナヤツメが顔を出した。ホトケドジョウは太短い体型が特徴的なドジョウの一種で、水の清らかな細流に生息する。連続した堰があるのが気になったが、ホトケドジョウがいるイメージ通りの細流であった。水は澄み、小さな砂礫底を流れる。様々な環境があって、それぞれに様々な魚が棲むことに感心した。

時間ぎりぎりまで採集し、東京までの東北新幹線の切符を手渡されて、駅まで送っていただいた。先生には本当に何から何までお世話になり、感謝でいっぱいだった。大きな荷物とたくさん魚が入ったクーラーボックス・袋を手に東京へ、そしてそこから東海道新幹線のぞみに乗り、その速さを身をもって実感しての帰宅となった。帰って数えてみると確認魚種は十九種に上り、関東地方の水辺がどのような様子なのか存分に見ることができた。

帰宅は夜十一時過ぎ。その後、持ち帰った魚の世話などをしていると夜遅くになってし

婚姻色の出たアカヒレタビラ（ただし、茨城産）
野外で見るものはこれよりはるかに美しい

まった。翌日、終業式は疲れと眠気との戦いだったのは言うまでもない。

滋賀遠征 Part1

二〇〇二年三月八日（木）

関東遠征がきっかけで調子に乗り、春休みは青春18きっぷを存分に利用して、日帰りできる場所へ魚を見に訪れることにした。

まずは琵琶湖があまりにも有名であり、淡水魚の宝庫である滋賀県へ向かう。ただし、現在の琵琶湖はオオクチバスやブルーギルの大繁殖、内湖の埋め立てなどにより様々な問題を抱えているようである。今回は、その流入河川を探ってみることにした。

最初のポイントは、渡辺先生に教えていただいたおすすめの場所、湖北の用水路である。滋賀県北部地方へ接続する最も早い電車に乗り目的地へ。着いた場所は田んぼの中にある、左右はコンクリートで幅二メートルほどの用水路である。泥底でコカナダモが茂っており、魚が群れをなしている。ウェーダーを履き用水路に入ってみると、かなり泥が深い。水路の壁に網をつけて歩くと、壁沿いに逃げる魚が次々と網に入る。ヌマムツとカワムツが同時に採れた。オイカワも少数混じる。流れてきた植物がたまった場所を蹴って追い込むと、四〇センチはあるナマズが一気に二匹も入った。さらにナマズを一匹加えて、今度は水草の茂った場所を泥ごとすくってみると、ヤリタナゴとヌマチチブが採れた。よく見ているると、歩いていくと魚が水草の陰に隠れるのが見える。魚が隠れた場所を狙ってすくうとヤリタナゴがたくさん採れた。一匹だけアブラボテも混じった。ここのヤリタナゴとアブラボテは、どの個体にも表皮に黒点状の寄生虫が入り込んでおり、それの影響か、鱗が乱反射するいわゆる「銀鱗」と呼ばれる状態になっていた。文から想像するとさぞかしきれいだと思われるだろうが、寄生虫のためかあまり状態が良くないようで、病気のようにも見える。持ち帰って飼育してみると、体型がおかしい個体がいたり、餌を食べてもしばらく成長が止まったままの個体が出てきた。しかし、時間が経つと黒い寄生虫も消え、現在ではとても元気にしている。ただし、持ち帰ったときは皆、ほぼ同じ大きさだったのが、今ではかなりの差となっている。ヌマチチブは元々琵琶湖には棲んでいなかった魚で、移入されたものが定着し、在来のトウヨシノボリを圧倒する勢いで増えているそうだ。生態系に与える影響は深刻であり、問題なのは外来種だけではない。水路には他に、テナガエビやアメリカザリガニ、二枚貝の一種であるササノハガイやタナゴが産卵すると思われるドブガイなどが見られた。

電車の本数が少ないので、後の予定も考えながら次のポイントへ。時刻表と滋賀県の県別マップルを手に、湖東の流入河川、野洲川へ向かう。目的はズナガニゴイという魚だ。ズナガニゴイは一五センチほどになるニゴイの仲間で、カマツカにやや似た模様をしており、よく砂に潜るなどニゴイとカマツカのあいのこのような魚だ。名の通り頭が長めなのが特徴で、なかなか美しく興味がある魚なので、ぜひ野外で見てみたいと思ったからである。県別マップルで見当をつけた一つ目のポイントは、瀬と淵が連続する典型的な中流域といった景観で、流れの緩い浅い場所は砂底に薄く泥が積もっている。これはいける！と思って足で砂をかき回しながら追い込むと、採れたのはカマツカの幼魚だった。持ち帰ってよく観察してみると、京都で採れたものより体色が白っぽくて、ややヒゲが短いことに気づいた。微妙な違いだが、やはり地域によって少しずつ違いがあるようだ。滋賀県にはもう一タイプのカマツカがいるそうで、ぜひ見てみたいと思っている。結局、ズナガニゴイは網には入らなかった。それどころか、泳いでいる魚を全くといっていいほど見かけない。中洲によってできた浅く流れの緩やかな分流地点では、オイカワかカワムツの類を見ることができたが、本流には全く魚の姿が無い。釣りをしてみるが、アタリが全く無い。変だなと思ったのは川の水の色だった。水がエメラルドグリーンと黄土色を混ぜたような色に濁っている。帰って渡辺先生に聞いてみると、河川工事の影響だろうとのことだった。三月は歳末で公共工事がまとまって行なわれるらしい。工事の影響かたまたま魚が全て深みに入っていて見えなかったのかは分からないが、工事は何らかの悪影響を与えているように思う。餌を買った釣具店のおばさんに聞いてみると、何日か前にはハヤ（オイカワやカワムツの混称）が釣れていたそうで、やはり今日の水の色は変だと言っていた。いかにも魚がいそうな感じなのに、不思議だった。

そこでさらに上流へ移動した。今度のポイントは砂礫底で水はとてもきれいだ。電車の中から見た限りは、支流の水が濁っていたのでその影響が下流で出ていたのだと思う。しかし、ここでも魚影はほとんど無く、小さなヨシノボリの一種が一匹採れただけであった。

時期が悪かったのか、探し方が悪かったのか分からないが、きっと何か原因があるはずだ。環境はけっして悪くないと思う。次回、今回採れた採れなかったに関わらず、時期を変えて同じポイントを訪れることと、まだまだ広い滋賀県でまた新しい場所を訪れたいと思い、滋賀県を後にした。

岡山遠征 Part1

二〇〇二年四月一日（月）

滋賀県と並んで淡水魚が豊富であることで有名な岡山県は、ぜひ訪れたい地域の一つであった。春休み中には、二回に分けて岡山を訪れる計画を立てた。その第一回目は、岡山三大河川の一つ、吉井川水系を探る。

朝六時ごろに芦屋駅を出発、快速と各駅停車を乗り継いで約三時間の道のりである。まわりの景色は加古川を過ぎたあたりから徐々に田園風景に変わっていく。といってもまだ町並みは多く、姫路付近で再び町の雰囲気を帯び、そこから西へ行くにつれてまた田園風景が広がっていく。とても気分の良い車窓だ。今回も渡辺先生にヒントをもらった場所を中心に、できるだけ広く歩きながら良さそうなポイントを探す。

最初に行き当たったポイントは、石垣や蛇籠と呼ばれる金網の中に石を詰めたもので護岸してある、泥濁りの川であった。岸辺には植物が豊富で、浅くやや流れのあるところと深くゆったり流れるようなところが連続する、良さそうな環境だ。早速ウェーダーを履き川の中へ。底質は主に泥、一部が砂泥で歩くと足が泥に深く沈む場所もある。岸辺の植物を蹴って追い込むと、まず網に入ってきたのが多数のタイリクバラタナゴだ。タイリクバラタナゴは名の通り中国大陸原産の外来種で、在来のニッポンバラタナゴとの交雑による純粋なニッポンバラタナゴの激減のほか、在来のタナゴ類より環境への適応性が強く、産卵対象となる二枚貝の選択の幅が広い、産卵期が春から秋までと長期間に及ぶなどの特徴により、場所によって爆発的に増殖して在来のタナゴを圧迫している。しかしながら、とても美しい魚であり、人気の高い「タナゴ」という看板を背負っているためか、オオクチバスやブルーギルといった肉食性外来魚と違って、一般的にはほとんど大きな問題とされていない。ニッポンバラタナゴと一度混じってしまうとどうしようもなく、一応はニッポンバラタナゴとの関係を指摘されつつ、生息が確認されるとそれ以後は黙認され、まるで在来種のように扱われている場合も多い。このポイントでは幼魚がいくらでもいる。さらに網を入れていると、たくさんの魚が網の中でぴちぴち跳ねた。コウライモロコが一度に二〇匹ほど網に入ったのである。群れに当たったようだ。山陽地方では一般的な魚で、毎年、宇治川でも出会う馴染み深い魚だ。しかし、宇治川のものは、近縁で琵琶湖のみに生息するスゴモロコとの中間型と言われていて、加えて琵琶湖産のスゴモロコは関東地方などに移殖されてしまっており、両者の判別は一筋縄ではいかなくなっている。スゴモロコは体高が低くスマートでひげが短く吻がやや尖るのに対し、コウライモロコはスゴモロコと比べてひげが長く太短い体型で吻が丸みを帯びる点が判別点だが、非常に曖昧で両者を並べてでもしなければ分かりづらく、先に書いた事情もあって判別が難しい。とりあえず、丸い吻の形からコウライモロコと言えそうだ。他にギンブナやメダカも採れる。特にメダカは、川の水が陸地に分流し、流れのほとんどない浅いたまりや湿地のようになったところにたくさんいる。そのようなところはメダカ天国となっていた。今度は下流側に網を構えて、川底の泥をかき混ぜるように追い込むと、網の中でくねくね動く小さな魚がいた。スジシマドジョウ小型種山陽型である。従来一種類であったスジシマドジョウは、現在、大型種・中型種・小型種に分けられ、小型種はまたいくつかの地域ごとの型に分けられている。山陽型はその名の通り山陽地方に棲む小型種の一種族である。次々と網に入る。同じようにしてスジシマドジョウ中型種、カマツカ、カワヨシノボリも網に入った。スジシマドジョウは小型種山陽型と中型種が共存しているようだ。カマツカとカワヨシノボリは水の澄んだ砂礫底のところにいるイメージがあったので、意外な出現であった。ただし、カワヨシノボリは芦屋川のものとかなり雰囲気が違ったので、別のヨシノボリかもしれない。判別点[※1]である胸びれの条数を数えなかったのは反省点である。このポイントは人家がまばらな田んぼの中にあり、人通りもほとんど無くとても落ち着ける場所で、岡山県を象徴するような魚の種類と魚影の濃さでお気に入りとなった。

　続いて移動したところは少し大きめの支流である。両岸はコンクリートで護岸され、泥色の水がほとんど停滞している。ここでは釣りをしてみる。するとすぐに浮きがぐるぐる回るような変なアタリがあった。釣り上げてみると二〇センチくらいはあるワタカであっ

※1　キバラヨシノボリとアオバラヨシノボリ（ともに琉球列島に分布）を除くヨシノボリ類では、胸《むね》びれの条数が 19 ～ 22 本なのに対し、カワヨシノボリでは 15 ～ 17 本であるのが判別点となっている。

た。体は銀色に光り、顔つきなどが日本の他のコイ科の魚と比べると異端的な魚だ。ワタカは元々琵琶湖淀川水系の固有種だが、移殖によって各地に定着している。しかし、移殖先で増加し本場の琵琶湖ではかなり数が減っていると聞いた。複雑な気分である。このワタカが釣れた後はアタリが無かったのでまた移動する。

電車で少し移動した後、もう一つの大きめの支流に向けて移動する。駅から少し遠ざかるとすぐに田んぼが広がり、用水路が多い。残念ながら用水路のほとんどがコンクリート三面張りとなってしまっているが、壁には板のようなものが階段状に取り付けられているのが多く見られ、地域の人が用水路を積極的に利用している様子がうかがえる。しかし、多くの水路は涸れるか水が極端に少なく、現在も利用しているのかは少し疑問に思った。そのような用水路には当然生き物の姿は無いが、少し水が深くなっているとそこには必ずメダカが見られた。メダカはしたたかに生き続けているなと思った。逆に言えば、用水路には豊富に水があり、メダカが泳いでいるのが本来の姿なのかもしれない。

四月といえ炎天下の中、県別マップル頼りに田んぼの中の道を歩く。三〇分ほど歩いた頃、涸れかけた小さな用水路に魚影を見かけた。水路の幅は五〇センチほどで、道路の下を通って反対側に通じている。網を入れるとたくさんタイリクバラタナゴ、ギンブナ、メダカが採れた。タイリクバラタナゴはさっきのポイントのものより大きく、婚姻色が美しい。したたかな魚だ。一度網を入れるとほとんどの魚が道路下の暗渠に逃げてしまった。ここももうしばらくすれば涸れてしまうのだろうなと思いつつ、さらに移動する。

ようやく目指していた一支流にたどり着く。ここも水は泥色で流れがほとんど無い。コンクリートで護岸がなされているところもあれば、川岸が杭などで補強されているところもある。釣りをするとコウライモロコが釣れてきた。他にも釣れないかと少し粘ってみるがコウライモロコが二匹釣れただけで、移動することにした。

川沿いに移動していると、それにつながる用水路が多いのが目に付く。全てコンクリート三面張りだが、一つ一つ見ていくと魚影のある水路を見つけた。小さな水門があり、道路をくぐるところで泥がたまってやや深くなっている。やや薬品のような臭いがするが魚影は濃い。ここではビンドウ[※1]を仕掛けてみることにした。辺りの様子を見たり荷物を整理したりしながら待つこと二〇分ほど。いよいよ引き上げてみると、中でたくさんの魚が動いているのが見えた。「よっしゃ！　入った入った♪」。中にはタイリクバラタナゴ、タモロコ、モツゴ、ギンブナが合わせて二〇匹以上入っていた。タイリクバラタナゴは、オスは婚姻色を現して美しく、メスには貝に卵を産み付けるために産卵管が長く伸びている。タモロコとモツゴも立派な大きさで、メスは抱卵しておなかがパンパンだ。

成果に満足し、そろそろ時間となってきたので、採集はここで終了。かなりの距離を歩いたので疲れたが、広がる田んぼとその間を流れる川はのどかで心安らぐ風景で、岡山を満喫できた。採集されたタナゴ類がすべてタイリクバラタナゴだったことは気にかかるが、魚影の濃いところはとことん濃い。自分で歩いてポイントを探して、そこで魚が採れたときのうれしさは格別であった。

※1　ビンドウ

岡山遠征 Part2

二〇〇二年四月四日（木）

すっかり岡山が好きになってしまった僕は、まもなく第二回目を決行する。今回は岡山三大河川の別水系、旭川水系を探る計画を立てた。前回と同じ時間の電車で岡山へ向かう。まずは、渡辺先生に教えていただいたもう一つのおすすめポイントへ向かう。町並みの中であるが用水路が多く、魚が泳いでいるのが見える。ついつい気を取られて目的地へ着く前に用水路で採集を試みた。しかしあまり振るわず、仕掛けたビンドウは不発で網でもメダカが採れただけであった。メダカ以外の魚影も見られただけに少し残念だ。

しばらく歩いて目的地へ到着する。そこはコンクリートの水路の幅が広くなって、流れが緩くなった場所であった。底は泥である。網に入った魚はコウライモロコとギンブナの幼魚が各一匹とたくさんのメダカであった。そして、たくさんのドブガイやササノハガイが泥の中に潜っていた。先生によると、魚の季節回遊によって用水路の魚影や魚種は大きく変化するそうだ。今回は先生に言われていた通り、少し時期がずれていたようである。やはり季節ごとによる同じ場所での観察は必要だと思った。今度また訪れたい。

岡山の川の様子をじっくり見ながら駅へ移動し、次の場所へ向かう。向かった先はまた別の用水路である。県別マップルで目をつけていた場所だ。その用水路は幅五メートルほどで、左右がコンクリートで固められているが、砂が豊富にたまり水も澄んでいて、水量

美しい婚姻色のヤリタナゴ

も豊富だ。水草が多く、当然魚もたくさん泳いでいるのが見える。上流へ向かって歩いていくと水門があり、釣りができそうだったので、早速竿を出してみる。すぐに浮きが微妙に動き、キラキラ光る七～八センチの魚が釣れた。「ヤリタナゴだ！」。岡山で初の在来のタナゴだ。その後も仕掛けを一投すれば一匹釣れるという状況で、あっという間に三〇匹以上を釣り上げた。滋賀県で採れたヤリタナゴのように黒い寄生虫は付いておらず、美しい。この場所ではメスがほとんどで一部は産卵管を伸ばしており、わずかに釣れたオスは背びれと尻びれの縁が赤く染まっていた。まだ産卵期に入ったばかりのようである。さらに上流側では大きな堰によって深場が作られており、ここでも釣ってみることにした。コンクリートでかなりの部分が固められており、新しかったので工事後あまり時間が経っていない様子だった。しかしたくさん魚が泳いでおり、先ほどのヤリタナゴに混じって一匹だけシロヒレタビラが釣れた。名の通り産卵期のオスは腹びれと尻びれの縁が白く染まる美しいタナゴであるが、釣れたのはメスであった。えらぶたのやや上にある暗色斑がトレードマークだ。タナゴ釣りはとてもおもしろい。魚が小さいので、ほとんどの場合ウキが沈み込むのでなく、流れていたのがふと止まったり、横に動いたりする。この微妙なウキの変化を見てあわせるのがとてもおもしろい。

釣りを楽しんだ後、時間が来て帰路につく。用水路と周りの緑に映える夕日がとても美しかった。ヤリタナゴを二ペア持ち帰り、しばらく水槽で飼育していると、オスは美しい婚姻色を現した。

とても充実した春休みとなった。我ながらになかなかの行動力だと思った。魚たちを野外で見るということは、その魚の生息地の様子をこの目で見るということだ。そのことの素晴らしさをひしひしと感じることができた。今、水槽に泳いでいる魚を見ながらその魚の生息地の風景を思い出す。その魚に対する思い入れの強さは、どこのどんな場所で採れたか分からない、買った魚の比ではない。魚を育むそれぞれの場所の風景は、それぞれが魅力的だと思った。

岡山遠征 Part3

二〇〇二年五月三日（金）

春休みも終わって新学期が始まり、ゴールデンウィークを迎える。僕はあの岡山が忘れられず、淡水魚が好きだという中学の後輩を誘って、再び岡山行きを決めた。青春18きっぷが使えないので学割を利用する。五月、ちょうどタナゴ達が産卵期を迎えて美しい婚姻色を身にまとっているだろうと想像し、前回の用水路へ向かうことにする。

一ヶ月ぶりの用水路。相変わらず魚影は濃い。後輩と二人で何度も立ち止まって、泳ぐ魚を見ながら、ポイントへ到着する。先に釣っている人がいて、タナゴらしき魚が結構釣れている。僕らも竿を出して釣りを始めるが、思ったよりも深いようでタナ[※1]を取るのに苦労し、三〇分ほどしてようやく後輩がヤリタナゴのオスを釣り上げた。「うわ〜、すごい

※1　釣り用語で、魚のいる水深のこと。

色！」。前回とは目を疑うような変貌振りだ。背びれと尻びれの縁は濃い朱色に、腹側は真っ黒に染まり、えらの付近はピンク色、そこから体後半にかけてグラデーションがかかるように青緑色に輝いている。「美しいっ!!」の一言だ。家でも飼っているうちに色が出てきたが、天然のものにはかなわない。その後、ぽつぽつと釣れるがあまり良くなさそうなので、ポイントを変えてみる。次のポイントでは壁沿いすれすれに仕掛けを流すと、たくさんのヤリタナゴとたまにシロヒレタビラが釣れてくる。ヤリタナゴは、今回はオスの方がたくさん釣れた。二対一くらいの割合である。シロヒレタビラはメスばかりだった。

昼まで釣りを楽しんだ後、本流に出てみる。橋の上から眺めると、とても雄大な景観だ。周りに緑が多く、大きな川がゆったりと流れている。ここが淡水魚の宝庫だと納得できるような景色だ。河川敷に降りてみると、岸近くには小魚やヨシノボリ類の幼魚が泳いでいた。釣りをしてみるが残念ながらアタリは無く、ルアーフィッシングをしている人がオオクチバスを釣り上げていた。やはりバスがいるのか……。バスがこの旭川でどのくらいの影響を与えているのかが心配だ。あまり魚の気配が無かったのは季節や場所、水量のせいもあるだろう。ここもまた時期を変えて来ようと思い、再び用水路に戻った。

用水路では相変わらずヤリタナゴがよく釣れる。徐々に日が暮れてきたころ、ついに待ち望んでいた魚が釣れた。真っ白なひれの内側が真っ黒に染まって見事なコントラストをなしており、体は淡い青紫色に染まっている。「シロヒレタビラのオスだ！ ついにきたぞ！」。このタナゴの婚姻色はとてもさわやかで、僕が最も好きなタナゴである。メスは一〇匹ほど釣れたのだが、オスはこの一匹だけだった。その後、ヤリタナゴに混じってア

産卵期のヤリタナゴ
オスの婚姻色は非常に濃く、メスには産卵管が伸びている

ブラボテのメスも一匹だけ釣れた。

帰りの電車の時間いっぱいまでタナゴ釣りを楽しみ、二人とも満足して帰路についた。タナゴの素晴らしい婚姻色は、野外で採れた瞬間のみ見ることができる。野外で見るタナゴの婚姻色は素晴らしい。とにかくそれを実感した一日であった。

岡山遠征 Part4

二〇〇二年五月二五日（土）

岡山遠征 Part1 で訪れた吉井川水系を、時期を変えてまた訪れようと思っていたが、その約二カ月後、どうしても様子が見たくなり、再び岡山へ足を向けた。今回は、前回の特にお気に入りのポイントに加えて、新たな場所を県別マップルで探し訪れる計画を立てた。

最初の目的地へ到着してまず、川の本流に出てみた。この川も雄大な流れである。山々の緑が視界一杯に広がってとてもきれいだ。心が休まる風景である。思わずちょっと寄り道をして、本流で採集を試みるが、採れたのは二センチほどのヨシノボリの一種とヌマエビ類だけであった。やはり本流は広く、魚がいる場所を見つけるのは大変なようだ。

最初のポイントは小さな支流である。初めて行く場所だ。川幅は二メートルほどで全体に浅く、コカナダモやエビモがよく茂っている。素早く泳ぐ細長い魚は、捕まえてみると

釣り上げたシロヒレタビラ
さわやかな婚姻色が美しい

ヌマムツであった。続いて流されてきた植物が引っかかっている場所を追い込むと、一五センチほどのギギが網に入る。ギギはナマズの仲間で、関東で捕まえたギバチに近い魚だ。この魚は以前、京都でも確認している。同じように植物の辺りを探っていると、突然バシャっと水しぶきが立ち、大きな魚が逃げていく。五〇センチはありそうなナマズであった。さらに砂がやわらかく積もっているところ、ここはドジョウ類がいそうだと感じて追い込むと、案の定、スジシマドジョウ小型種山陽型が現れた。コオイムシなどの水生昆虫やエビ類も多く、なかなか良い環境のようだ。このポイントは用水が流れ込んでいるのだが、用水が流れ込んでいる上流側と下流側とではかなり様子が違う。上流側は砂礫底で水が澄んでいるのだが魚が全くいない。水は澄んでいるが変な様子だ。下流側は流れの緩いところには砂と少し泥がたまり、流れの速いところは砂の多い砂礫底で、水はやや泥っぽくなるが水草は上流側より多く、魚の数も歴然と多い。水の透明度ではなく、澄んでいようが濁っていようがその質が問題のようだ。これは、泥にも言えることである。『日本の淡水魚』によると、スジシマドジョウ小型種山陽型はかなり環境にうるさいらしい。この魚は底性魚であり、砂や泥に潜っていることが多く、生活の場として底質は非常に重要だと思う。その点このポイントも、前回スジシマドジョウ小型種山陽型が採れたポイントも、特に泥の質がとても良いと感じる。ヘドロのような悪臭はなく、優しく包み込むようなやわらかい泥なのだ。

続いて予定していたもう一つの支流へ向かう。そこは両岸がほぼ完璧にコンクリートで固めてあり、結構浅いため「こりゃだめだろうな」と思ったのだが、ひとまず川に入ってみることにした。ところが遠目に見たのとは裏腹に、水草がとてもよく茂って水も良好であり、魚影が濃い。とても小さいながら瀬と淵のようになっている場所もあり、魚が集まっている淵で水草沿いに網を構えて速歩きをすると、混乱した魚がどっと網に入ってきた。種類を見てみると、ヌマムツ、イトモロコ、カマツカ、ムギツク、タイリクバラタナゴであった。数的にはヌマムツが最も多い。しかし、この作戦が有効だったのは一回のみで、ビンドウを仕掛けてみることにした。その間、川を歩いて見ていると、小さな川にも関わらず六〇センチはあろうかというカムルチーや、メダカ、ヨシノボリ類も確認できた。ビンドウをあげてみると、中にはタイリクバラタナゴとオイカワ、ヌマムツが入っていた。オイカワはあまり障害物の陰に隠れる性質が無く、泳ぎが非常にうまいのでなかなか網には入らないが、ビンドウにはよく入る。かなり人の手が入っているのは確かだが、コンクリートの土手にはたくさん植物が生え（コンクリートブロックに土が入っているのかもしれない）、川の中には土がたまって陸地になり、植物が茂っている場所がたくさんあった。そこにはトノサマガエルやツチガエルがたくさん跳ねていた。土がたまって砂州のようになっていることが流れに変化を与え、変化のある環境を作り出しているのだろう。また、川の中の陸地にも水際ぎりぎりまで植物が茂っていることと、水草が流れの速いところ以外はまんべんなく茂っていることから、長い間大きな増水や渇水がなく、安定した環境が保たれているのがうかがえる。このことが、両岸がコンクリートで川底が平らになっているという悪条件の中、たくさんの魚がいる原因なのだと思った。人の手がかなり入っているのにも関わらず、なんとかして環境を作り出す川と、それに適応していく魚たちに感心

バックの緑が映える、吉井川本流

した。

少し寄り道をして別水系の川へと出かけてみるが、採集できるような場所が無く断念。しかし、その川へ通じる町中の三面コンクリートの水路では、ナマズやフナ類、美しい婚姻色に身を染めたヌマムツやオイカワが泳いでいるのが見えた。

また移動して、以前ビンドウでタイリクバラタナゴやタモロコなどが採れた用水路へと向かう。その最寄りの駅の脇に涸れかけに見える水路があり、魚が群れていたのだが、前回は電車の時刻の関係で見ることができなかった。来てみると涸れそうに見えながらちゃんと水はあり、すくってみるとタイリクバラタナゴとスジシマドジョウ小型種山陽型が採れた。タイリクバラタナゴはほとんどがメスで、とても長い産卵管を伸ばしていた。スジシマドジョウがこんな場所にいるとは思いもよらず驚いた。水路というより、普通の溝なのだ。

目指すポイントに向けて移動する途中には、普通の溝といえるようなところにたくさんのトノサマガエルがいた。明らかに体の大きさの違う個体がいて、大きいのがメスだろう。産卵のために集まってきているのだろうか。ポイントに到着すると、まず目に入ってきたのが四〇センチほどであろうカムルチーだった。なぜこんな狭いところに……。前回と同じ場所にビンドウを仕掛けて、水路の上流側を見に行った。すると、水路が合流する地点にたくさんのメダカが群れていた。さながらメダカの学校であった。うれしい光景である。十数分後、ビンドウを引き上げに行ったが、中には何も入っていなかった。泳いでいるのは小さな魚が少しだけで、成魚はどこかに移動してしまったのかも知れない。

最後は、お気に入りのポイントである、スジシマドジョウ小型種山陽型が採れた場所へ向かう。行ってみると少し水位が増え地形の変わっているところがあったが、あののどかな様子は変わっていない。早速、川に入って川岸の植物を蹴ると、お決まりのタイリクバラタナゴがたくさん採れる。前回よりサイズが大きくなっており、婚姻色が濃い。しばらく採っていると、前回は見かけなかったブルーギルの幼魚が網に入った。タイリクバラタナゴも外来種であり、タナゴだからといって喜んでいられないのだが、ブルーギルが採れるとより一層残念だ。ブルーギルはアメリカ原産の外来淡水魚で、オオクチバスや最近移入されたコクチバスとともに、その食性や性質から日本の在来淡水魚に悪影響を与えている。ブルーギルはとても柔軟性が高い雑食性で、他魚の卵や仔稚魚も捕食するため与えるダメージが大きい。せっかく大きくなっても今度はオオクチバスなどに食べられてしまうので、魚たちは二重の強い捕食圧を受けてしまう。また、この三種は卵から孵化後しばらくまで自分の子を保護する性質があり、餌などの環境が良いと爆発的に増加する。これ以外にも、これらの魚は様々な問題を抱えており、現代の水辺環境の大きな課題である。今度は泥底を探っていると、数は前回よりも少ないものの、一回り大きくなったスジシマドジョウ小型種山陽型が採れた。いまだ健在だ。そして今回は一〇センチほどのやや大きなカマツカが多く採集された。他には少数、モツゴ、コウライモロコ、ギンブナ、メダカ、スジシマドジョウ中型種が採れた。ギンブナは京都で見るものに比べてひれ、特に尾びれが大きくアンバランスな印象を受け、体高が高く口がやや上を向いている。しかし、ゲンゴロウブナとはまた違うのだ。フナ類は奥が深い。

こうして滋賀県と、四回にわたって岡山県巡りを行い、様々な淡水魚と様々な環境に出会った。でも、それもまだほんの一部に過ぎない。車窓から、県別マップルを眺めながら……まだまだ訪れてみたいと思う場所がたくさんある。ひとまずここで、遠征については区切りとなる。

地元の川（その1）　二〇〇二年六月八日（土）

これまで関東から始まって滋賀、岡山と遠征ばかりしていながら、兵庫県内の地元の河川は、芦屋川を除いて訪れたことが無かった。背伸びばかりせず、自分の地元について知らねばと思ったのである。今回は同じクラスの伊地知正彦君も、生き物が好きで久しぶりに魚採りがしたいということで、比較的身近なある川へ一緒に行くこととなった。

伊地知君と待ち合わせて早速川へ向かう。今回は時間と体力の許す限り川を下りながら、ポイントを探して魚を採る計画だ。最初のポイントは、流れの速い瀬の部分の下流が堰でせき止められて、広い止水域を成している場所である。まずは堰の下流部分に仕掛けをセットして、上流方向から川を探っていく。流れの速い部分ではオイカワらしき魚が泳いでいるのが見えるが、魚はなかなか採れない。ようやくカワヨシノボリを一匹捕まえる。

二人で川岸のせり出した植物のところを探るが、入るのはエビばかりだ。止水域となる部分まで行き、同じように植物の間を探る。水草の間からようやくタモロコが一匹採れた。その後、伊地知君がカワヨシノボリを捕まえ、僕もメダカを一匹捕まえる。しかし、植物の間を探って採れる魚のほとんどが、一センチほどのコイの稚魚と思われるものばかりだ。最後に伊地知君がナマズの赤ちゃんを一匹捕まえ、網での採集は終了、仕掛けを上げに行く。オイカワが泳いでいるのが見えたので入るだろうと思っていたが、ビンドウは空、もう一つ仕掛けておいた網仕掛けには三センチほどのヤリタナゴと、カワヨシノボリが一匹ずつ入っていた。数はとても少なかったがこの地点で六種類を確認し、まずまずである。

いろいろしゃべりながら、川を下流に向かって歩き、気になった場所で網を入れてみる。河川改修がなされて砂礫底の浅い部分が広がる場所では、やはりオイカワが多い。しかし泳ぎがうまくて捕まえることができず、頼りのビンドウもだめであった。川の様子は緑が多く、川岸に抽水植物が多く茂っていて、ワンド状[※1]になった部分や古いコンクリートの堰が侵食されて、変化のある流れを作り出しているところもあり、魚が棲める場所は豊富にありそうだ。しかしながらフナやナマズなどが泳いでいくのが見えても、河川規模が大きいため採集しづらく、なかなか採ることができない。以後網に入った魚はメダカと、タモロコ、コイの稚魚のみであった。メダカは比較的広い範囲に生息しているようで、流れのごく緩い浅い場所のみに見られる。コイの稚魚は場所によってとても多い。目視で確認できたものはニゴイやコイの成魚、オオクチバス、カムルチーや大型のナマズだった。他の生物ではアメリカザリガニとウシガエルのおたまじゃくしが目立った。全体として成果は

※1　川沿いにできた、本流部とつながりのある池のような水域。

少しさびしかったが、川の様子をしっかり観察でき、やはり友達と二人で採集をして遊べたのがとても楽しかった。伊地知君は小さい頃に魚採りや虫捕りをよくしたからか、やはり魚採りがうまい。良きパートナーである。外国産の生物が多いのは気になる点だが、都市圏を流れる川として環境は悪くはないと思う。魚影ももっと濃くてよいはずだ。また時期や採集方法を変えて訪れることも必要だろう。もし、本当に魚が少ないのであれば何らかの原因があるはずで、その辺りを調べてみるのもおもしろそうだ。

地元の川（その2）Part1

二〇〇二年六月二二日（土）

次は、前回とは別水系の川を訪れてみた。兵庫県の県別マップルを見て行程を決める。今回は川がどんな様子なのかを広く見たいと思ったので、ポイントを探しながら一〇キロほど、川沿いに上流方向へ歩く計画を立てた。

始めのポイントは川幅三～四メートルほど、全体的に浅く砂礫底の場所である。水は濁り気味だが、汚染されている濁りとは全く違う。浅いところで小さな魚がたくさん泳いでいるので、何の幼魚だろうと思ってすくってみると、すべてアブラボテの幼魚だった。今年生まれたもののようだ。よく見るとメダカも泳いでいる。これは親もいるなと思い採集を開始。魚が泳いでいるのは見えるのだがなかなか採れない。川岸の植物を蹴って追い込むと、採れるのは小さなカワムツとカワヨシノボリだけだ。どこに魚が逃げているのか見つけるべく周りをよく見渡すと、右岸側は河原となっていて浅いが、左岸側は岸の土が掘れてやや深く空洞状になっているのに気づいた。そこで、下流側に網を構えて、空洞の中に足を入れるようにして追い込むと、案の定、大きめのカワムツに混じってアブラボテの成魚が網に入った。黒味がかった黄色の婚姻色が絶妙だ。同じようにしながら上流へ進んでいくと、ドンコや二〇センチはある大きなカマツカ、カワムツ、カワヨシノボリ、アブラボテが次々採れた。アブラボテが産卵すると思われるカタハガイも、貝殻ではあったが確認した。

上流へ向かって移動する。周りは田んぼが広がり、山が多く、川も河原の部分にびっしり植物が茂っていて緑が多い。川は先ほどのような浅い場所から流れの止まった深そうな場所まで変化に富み、濁った水の中に何がいるのか想像をかき立てる。ただ、あまりに植物が茂っているので川には近づけず、川を守っているようだ。

川に入れる良さそうな場所を見つけ、採集を始める。ここも川岸には植物がよく茂り、川の環境も流れが速く大きめの石のある場所、砂泥底の流れの緩い深い場所、ワンド状になって浅く砂がたまった場所など変化があり、たくさん魚がいそうだ。しかしながらあまり魚影は見えず、アブラボテ、カワムツ、カワヨシノボリが少しだけの成果。魚の多くはもっと深い場所にいるのかもしれない。

さらに上流へ向かいながら歩いていくが、これ以後はあまり魚を見ることができなかった。しかし、環境は同じように豊かに感じる。途中、左右を山に囲まれたところはほとんど人工物が見えず、とても気分がよい。比較的近くにこんな場所があるとは知らなかった。僕が歩いた行程では、専門家ではないので本当かどうか分からないが、護岸工事などが直接川に影響していると思われる場所はほとんどなかった。ただ一ヶ所、橋の取り付け工事のためか浅く開けた不自然な場所があったが、そこでは歩いた行程で唯一、オイカワが見られた。網に入りにくい魚なので、他の場所でもいる可能性は十分にあるが、魚が泳ぐ様子から見て、ほとんどの場所でカワムツが優先しており、その一ヶ所だけオイカワが群れていたので、どうも工事の影響を疑ってしまう。オイカワは浅く開けた環境を好み、カワムツは川岸に植物の多い流れの緩やかな淵を好む。河川改修工事は川を広く平坦にして流れを一様にし、川全体をオイカワの好むような環境にしてしまうので、当然オイカワが優先するようになる。一見魚がいるのでいいか、と思ってしまうが、問題は魚の数ではなく、どれだけ多くの種類が共存できるような環境があるかだと思う。もちろん、その場所で元々見られる種類についての話で、放流によって種類を増やせば良いというわけではない。

ともかく全体から見て、とても良い環境だと思った。本当の姿を知るには、もっと詳しく川を見ていかなければならない。比較的近いということもあって、これからが期待できそうだ。

京都府宇治市

二〇〇二年八月一〇日（土）〜一二日（月）

お盆に入り、例年通り、京都府宇治市の祖母の家に帰省する。祖母や従兄弟と久しぶりの再会を喜ぶ。一〇日の夜に到着したので、恒例の魚探しは次の日からスタートだ。

一一日、中三と小四になった従兄弟と、さっそく朝から宇治川へ釣りをしに行く。例年、コウライモロコが多いポイントである。しかし今年は例年になくオオクチバスが多いようだ。赤虫を餌とした仕掛けで、一〇センチ未満の幼魚がたくさん釣れる。魚に罪はないのだが駆除する。バスがコウライモロコを食べている瞬間を初めて目撃した。口からモロコの尾が出て動いている。横取りしようとしているのか、すぐ横でもう一匹が様子を見ている。オイカワらしき魚が跳ねながら猛スピードで泳いでいると思ったら、後からバスに追われているようだった。貪欲な魚だとあらためて感じた。本命のコウライモロコはなかなか釣れず、だいぶ時間がたってから三匹を釣り上げた。昼前には浅瀬に群れているのが見え、確実にいるようだ。

夕方、自転車を借りて、去年カネヒラが採れたたまりを見に行く。遠くから見た感じ去年と様子に変化はないようだが、そのたまりを覗き込むと、去年はやや濁りながらもオイカワやカネヒラ、フナなどが泳ぐのがよく見えたのだが、今年は富栄養化したような濁りが強く、底まで見えない。見えるような浅いところに魚影は無い。とりあえず釣りをしてみると、釣れてきたのは大量のブルーギル。オオクチバスも混じる。仕掛けを投入して五秒で一匹釣れてくる状態だ。ブルーギルは針をよく飲んでしまうので手返しに手間取ったが、二〇分ほどで三〇匹以上も釣れた。これでは他の魚がいないはずである。釣れた魚は全て河原の草の根元に置いて駆除となった。とてもかわいそうでできればしたくないことだが、在来の生態系に悪影響を与えているのは事実であり、本来いてはいけない魚として、駆除はしなくてはならないと考える。おいしい魚だそうなので、これだけまとまって採れた時には、今度からせめて持ち帰って料理してみようと思う。次にもう一ヶ所、カネヒラが見られたポイントへ移動するが、ここも今年はオオクチバスとブルーギルが多い気がする。流れ込みがあり、杭などが立って流れが緩くなっているポイントで、去年は杭の間をすいすいと泳ぐカネヒラが見えたのだが、カネヒラの姿は見られなかった。しかしながら、コウライモロコが回遊してきて、一〇匹ほど釣ることができた。

一二日朝、もう一度確認しようと思い、流れ込みのポイントに行ってみる。朝のためか、昨日より魚影が多く、ニゴイやコイなども見られる。しばらく釣りをしていると、ついに見たかったカネヒラが泳いできたのが見えた。残念ながら釣ることはできなかったが、とりあえず今年もいることを確認できたのでほっとする。その後もう一度、たまりのポイントに行ってみるが、昨日とは打って変わってブルーギルの影は全く無く、一五センチ以上はあるだろう大きなオイカワが釣れた。しかし、小さなオイカワが何かに追われて跳ねているのが見えたため、小魚にとって安全な場所ではないようであり、実際魚影はほとんど無い。水が汚くなったこと以外には特に去年と変化が無いように思えるが、どうしてほとんど魚がいなくなったのだろう。小さなたまりで、増水時には完全に本流とつながるだろうから、その時に入り込んだ魚によって大きく状態が変わるのかもしれないが、よく分からない。

そして、毎年カマツカ採りを楽しみにしている田んぼの用水路へ、従兄弟とともに網を片手に向かう。小四の従兄弟が水路の段差に向かって追い込むと、さっそくオイカワ、トウヨシノボリ、カマツカを捕まえた。この用水路はU字型をしているので、底でじっとしているカマツカを見つけて、狙ってすくうのが効率的だ。そのため、三人で水路を覗き込んでカマツカを探す。カマツカは川底の色に同化するような模様をしているので、慣れないと見つけるのは困難だ。しかし、従兄弟二人は「ここにおるで！」と見つけられるようになっている。毎年一緒に行くのでカマツカ探しのプロになっているのだ。うれしい気分だ。今年は四匹のカマツカを捕まえ、他にはニゴイやギンブナ、コウライモロコも見られた。今年はトウヨシノボリの数が多いようで、帰る時には魚を入れていたプラケースはヨシノボリだらけとなっていた。カマツカとトウヨシノボリの一部を持ち帰って飼育することにした。ここで採れる魚はすべて幼魚であり、成長が楽しみである。

今年も去年と変わらぬ魚たちに出会えたが、宇治川の環境が年々悪化しているように思えてならない。宇治川の水が富栄養化しているような気がするし、堤防をコンクリートで整備するような工事が着々と進んでいる。水に関しては少雨による水量の減少も水質に影響を与えているのかもしれない。また、今回はオオクチバスとブルーギルがいつに増して目立った。これらのことは年に数日の観察で断言できるようなことではないが、今回感じた環境の変化が、僕が訪れた時期的な影響であると望みたいところである。ただし、河川の工事については本当に必要なのか、無機的な美しさに満ちたコンクリートの斜面を歩くたびに感じることである。

地元の川（その2）Part2

二〇〇二年八月二〇日（火）

三年の読書科の宿題、論文の下書きの作成に直前の追い込みで四苦八苦しながら、提出期限日ぎりぎりに完成し、その翌日、気分をスッキリさせる目的もかねて、豊かな環境が気に入った地元の川へ行くことにした。今回は「地元の川（その1）」で一緒に採集をした伊地知君と一緒である。前回、成果が良かった場所周辺を大きく範囲に入れた上で、少し離れた新しいポイントも訪れ、川を下りながら採集する計画を立てた。いつもならウェーダーを履くところを、夏真っ盛りということで水着で楽しむことにした。伊地知君も「日に焼けること」を目標にしていたのだが……。

当日、前日までの猛暑が嘘のように気温が下がり、曇り気味の天気である。日に焼けるという目標の達成に不安を感じつつ、二人で川に入って採集を始める。意外に水は冷たい。前回二ヶ所目に行ったポイントと同じ場所で、水の濁り具合も様子も前回とほとんど変わらないが、明らかに前回より魚影は濃く、岸辺の植物を丹念に探っていくとカワムツ、カワヨシノボリ、アブラボテが多く採れる。前回、ここでは確認できなかったムギツクやカマツカ、メダカも網に入る。ムギツクは芦屋川でもよく見られる魚で、特に幼魚は体に一本の黒い線がくっきり入り、その上には金色の線が入って、ひれは鮮やかなオレンジ色ととても美しい魚である。伊地知君はムギツクが一番のお気に入りになったそうだ。メダカはごく小さく浅いワンド状の所にだけ群れているのが見られた。「今回は魚が多いな」と話しながら何気なく追い込んでいると、体に黒い線が入り、鮮やかな黄色いひれをした特徴的な魚が網に入った。「カワヒガイだ！」。特に珍しい魚ではないが、以前から見たいと思っていた魚でとてもうれしい。伊地知君もカワヒガイを一匹捕まえ、二センチあるかないかの幼魚も見られた。

かなり成果が良かったので、重点的に探すべく、少し下流へ移動してまた採集をする。ここでもアブラボテ、ムギツク、カワヨシノボリに立派なサイズのカワムツやギギが採れた。カワムツは一五センチほど、婚姻色がほとんど出ていなかったのが少し残念だ。僕にとっては本当にありふれた魚だが、のどから腹にかけて真っ赤に染まる婚姻色は思わず見直させられる。ギギも二五センチはある立派な個体であった。

また少し移動する。天気は今ひとつだがなかなかの成果に会話も弾む。次のポイントは水がかなり澄んでいて、コカナダモやエビモの大群落が見られる。湧き水でもあるのだろうか。ここではカワムツ、カマツカ、アブラボテ、ドンコ、カワヨシノボリを確認する。アブラボテの色合いが美しい。また、ここでは特にイトトンボ類やハグロトンボなどが多いようで、その美しい色にしばし見とれていた。魚以外の生物にも詳しくなりたいと感じる。

途中、セミやイナゴと遊びながら緑に囲まれた道を歩き、前回一ヶ所目に訪れたポイントへ向かう。ここも前回と見た目は様子が変わっているわけでない。しかし魚影は濃いのである。前回と同じくえぐれた岸を追い込むと、いつも通りのカワムツ、カマツカ、アブラボテ、カワヨシノボリに加えて、ズナガニゴイが網に入った。「よし、来たっ!」。ズナガニゴイは以前滋賀県で探したが採れず、ずっと見てみたいと思っていた魚である。滋賀遠征の章で紹介したように、複雑な模様と金色がかった体色が美しい。他に、新たにカネヒラの幼魚が採れる。残念なことに、ここのカネヒラには黒点状の寄生虫がたくさん付いてかわいそうに見える。伊地知君はさらに魚採りがうまくなっていて、ズナガニゴイや婚姻色の出たカネヒラの成魚など次々と捕まえる。ここでは他にモツゴも一匹だけ採れた。モツゴは普通、もっと淀んだ平野部に棲んでいるイメージがあり、カワムツ、ドンコ、カワヨシノボリといった清流をイメージさせる魚が主な中で、意外な出現であった。

一通り採集を終え、川の中を歩きながら採集をしつつ下流へ向かう。ここからはまだ行ったことのない区域だ。カナダモの群落が多く魚も豊富だがやや採集しづらく、アブラボテ、カネヒラ、カワヨシノボリなどがぽつぽつと採れる。しばらく行くと水路が流れ込む水門があり、川底の一部がコンクリートになって、人の手が入っているのが分かる場所があった。ところが、周りに石の多い場所や水草の多い場所、やわらかく砂や泥がたまっている場所などがあるためか、魚影が濃い。全体を工事するのでなく、一部に人工的な部分があるだけなのが原因であろう。ここでは、初確認のイトモロコの他に、砂のたまった部分で追い込むとズナガニゴイとたくさんのカマツカが採れた。カマツカは幼魚~成魚までそろっており、やはり砂地を好むのが分かる。僕がカマツカを採っているうちに、伊地知君はムギツクの成魚を捕まえていた。ムギツクは警戒心が強くすぐに石の間に隠れてしまい、特に成魚は網で捕まえるのが難しいので「やるなぁ」と思う。

すでに成果には満足だったが、欲を言えばカワヒガイのオスがまだ採れていなかったので、最後のポイントに賭けることにする。最後のポイントはこれまでと様子が一変し、河原は整備されており、河道はほぼ一定の幅で水の流れは変化に乏しい。川底はこぶし大の石がまばらにあり、わずかに水草があるだけで、「こりゃ無理だろうなぁ」と半ばあきらめつつも、川の中に入る。やはり魚影は少ない。なにせ魚が隠れることができるところが川底の石くらいしか無い。闇雲に石を蹴ったりどけたりしてみるが、全く魚は入らない。しかし、しばらくして伊地知君がカネヒラを捕まえる。その後もオオクチバスやカネヒラ、ブルーギルなどをぽつぽつと確実に捕まえるので聞いてみると、たまに魚のしっぽが石の間から見えるから、そのような石や魚がいそうな石を一つ一つめくっていくと採れるそうだ。僕もその方法をまね、二人でローラー作戦のようにこつこつと石をめくっていった。途中で魚が死んでいるのを見つけたので取り上げてみると、これがなんとカワヒガイのオス。思わず「生きていてくれ~」と愚痴をこぼす。なぜ死んでしまったのだろう。カワヒガイがいるのは分かったので、引き続き石をめくっていくと、ついに伊地知君が声を上げる。「これ、カワヒガイやんな?」。まさにカワヒガイ！ 立派な個体だがメスである。その後、ようやく僕はカワヨシノボリを一匹捕まえ、運がまわってきたのかカネヒラ、ドンコ、ギギと捕まえる。その間、伊地知君はオオクチバス、ナマズなどを捕まえ、ついに二匹目のカワヒガイを捕まえる。この個体も立派で一三センチほどあったがメスであった。その後も粘るが結局、僕にはカネヒラしか捕まえられなかった。しかし、最後の最後で伊地知君がやってくれた。「カワヒガイやけどメスっぽい」とのことだが覗いてみると、目が真っ赤である。オスのトレードマークだ。「すげー！　オスやで！　ほんますごい‼」。大満足で今回の採集は終了。粘ってみるものだとつくづくと思った。やり始めは、ここはだめだろうと思っていたものの、終わってみると意外なほどの成果だ。オオクチバスとブルーギルは「ついに現れたか……」という気持ちだったが、他の魚も懸命に生きていたのだ。僕の方が、「こんなところに魚はほとんどいないだろう」と思い込み、魚を侮っていたのかもしれない。

朝から始まっておよそ九時間半、魚採り三昧で、終わった頃には辺りはかなり暗くなっていた。今回は最近購入したデジカメとアクリルケースを使って、採れた魚を撮影した。本格的な研究には役に立たないと思うが、とてもいい記録となった。そして、なにより最後まで一緒に採集してくれた伊地知君に大感謝だ。僕がデジカメで写真を撮っている間も、文句も言わず待ってくれたし、これだけの成果は伊地知君がいなければあげられなかった。やはり友達と一緒に採集するのはとても楽しい。確認できた魚種は、一六種（在来種は一四種）にも上った。前回は七種であり、魚影も全く違ったことから、時期を変えて訪れることの重要性を感じた。

心安らぐ田園風景

信越・東北遠征

二〇〇二年八月二八日（水）～三〇日（金）

二〇〇二年夏休み最後の行事は、渡辺昌和先生と計画していた信越～東北地方遠征だ。先生が誘ってくださり、もちろん大喜びで連れて行ってもらうこととなった。先生とは新潟県の長岡で待ち合わせし、僕は大阪～新潟間を結んでいる急行「きたぐに」に乗って待ち合わせ場所へ向かう。「きたぐに」は座席車と寝台車を混結した電車急行列車で、今回は初めて寝台を体験する。寝台券が発売される、発車日のちょうど一ヶ月前にきっぷを買いに行き、さらに今年の夏休みは予定が目白押しになることが前もって分かっていたので、小・中・高の一二年間で初めて、計画的に宿題が行なわれ、出発前には余裕で完了していた。はっきり言って、奇跡である。準備は万全だ。

待ちに待った出発当日、大阪駅二三時二六分発の「きたぐに」に乗るべく大阪へ向かう。大阪駅に到着し、発車するホームへ行きしばらくすると、「きたぐに」が入線してきた。三段式寝台を装備しているだけあって、迫力のある電車である。中に入ると当然のことながら三段の寝台が並んでいる。寝台は幅があるが高さがないと聞いていたので、僕は事前に調べて編成に六ヶ所だけある、寝台が二段の場所の中段を指定していた。その場所は屋上にパンタグラフがあり、屋根を低くせざるを得ないため、二段になっているのだ。二段なのに中段という名の僕の寝台は、高さもあり非常に快適である。歯磨きやトイレなどを

急行「きたぐに」

済ませて早めに寝ることにする。電車のモーターの音やレールの継ぎ目を通過する音などが聞こえ、けっこう揺れるのだが、慣れてしまえばこれも心地よい。熟睡とは言えないもののの、前回の「ムーンライトながら」の時よりはずっと休息することができ、直江津駅に到着する前あたりで目覚める。寝台はかなり空いていたので、大きな窓がある下段にこっそり移動して景色を楽しむ。朝の日本海がとても美しい。景色を見ながら朝食を摂ったりしているうちに、電車は定刻の七時一八分に長岡駅に到着、駅のロータリーに行くと、先生とあの採集特別仕様車が出迎えてくれた。

先生の車に乗り込み、最初の採集場所へ向けて移動する。前回のような疲れは無く、終始先生との会話が弾む。新潟は豪雪地帯として有名だが、夏はとても暑い。しかも快晴という素晴らしい天気に恵まれ、近畿と変わらない猛暑を体感した。

最初のポイントは、新潟県のとても透明度の高い砂礫底の川である。そうは見えないのだが、海に近い場所だそうだ。僕が今まで見た川の中で、最も水の美しい川だと思う。ここでは夏休みの宿題の題材とするということで、先生のお知り合いの親子と一緒に魚採りをした。同じ場所でヤスや叉手網を使って魚採りをしている親子連れもいた。本格的である。親子で川に遊びに来ているのを見かけるとき、網を持っているのは子どもだけで、親は近くで寝ていたり別のことをしている場合が多い。でも、この親子は全員で魚採りを楽しんでいるようだった。父親も水着姿で一緒に遊んでいる。とても良い光景だと思う。

魚の方はどうかというと、最初は先生が網を持って実演し、ウキゴリ類やカジカ中卵型などを次々捕まえる。カジカを野外で見るのは初めてであり、ウキゴリ類も瀬戸内海周辺地域ではほとんど見られず、こちらも野外では初めて見る。ここには三種のウキゴリ、すなわちウキゴリ、スミウキゴリ、シマウキゴリが生息していて、慣れないと区別が難しい。僕も区別できるようになるよう、先生に見分け方を伝授していただく。網を持ち魚がいそうな場所を探ると、ウキゴリ類やアユ、ウグイ、ドジョウなどが採れる。川の流れの中に流れてきた植物が引っかかっている場所を追い込むと、アユカケが採れた。これも野外で見るのは初めてだ。アユカケは大型のカジカの仲間で、水質が良く、川と海とが堰などで分断されない、良好な環境の川にしか生息できない魚である。カジカ中卵型も低水温で水のきれいな川にしか棲めない。また、両種とも孵化後川を下って海へ行き、ある程度の大きさになってから川に戻ってくる。特にアユカケは遊泳力の弱い魚なので、堰などで川が分断されると、例え魚道が設置されていても、それがアユなど遊泳力の強い魚向けに作ってある場合が多いため遡上できず、生活循環が断たれてしまうのである。その点から見ても、この川の環境は良好なのだろう。叉手網を借りて石の転がった場所を追い込むと、なかなか立派なシマヨシノボリが採れる。近畿ではカワヨシノボリやトウヨシノボリが繁栄しているせいかあまり見かけないヨシノボリで、これまた野外で見るのは初めてだ。頬の赤い縞模様と、青と赤に輝く体が美しい。他にヌマチチブ、スナヤツメ、オイカワを確認した。採集を終える頃にはウキゴリ類三種が区別できるようになっていた。これは言葉で説明するより実物を見る方が圧倒的に身に付く。先生の仰っていた通りである。もう、野外でウキゴリを見たときは、交雑種以外は区別できるだろう。

次の目的地は山形県の最上川水系の用水路、ウケクチウグイを探しに行く。ウケクチウグイは大型になるウグイの仲間で最大八〇センチを超え、名の通り口が受け口になっており、詳しい生態が不明という、とても興味をそそられる魚である。僕には全く縁がない未知の魚だ。その幼魚がたくさんのウグイに混じってごく少数採れるという。先生が二週間ほど前に行った時には長雨で増水していて、困難を極めた末、一匹採ることができたそうだ。しかし、僕が行った時には、たくさんいたというウグイ類の幼魚の姿はなく、ウケクチウグイは見ることができなかった。先生が行かれた時の大雨をきっかけに、本流へ出て行ったらしい。気候の変化を感じ取って本流と用水路を行き来しているのだ。採れたウグイ類はマルタという種類の幼魚が一匹、この魚を見るのは初めてで五〇センチと大型になる。婚姻色が出ないと素人目にはウグイとマルタの区別はとても難しい。けれど先生は一目で見分けてしまう。経験とは素晴らしいものだ。この水路では他にニゴイ・オイカワの幼魚が多く、コイ、ゲンゴロウブナ、タモロコ、モツゴなど計十一種が見られた。

　続いて用水路のある場所の近くの小さな川を探ってみる。抽水植物が深く茂り意外に深い川だ。ここではタモロコ、タイリクバラタナゴなどが多く、計九種類が見られた。採れた四センチほどのナマズの幼魚には、しっかり三対のひげがあるのを確認した。普通は二対なのだが幼魚には三対あり、成長に伴って二対となるのだ。

　次は、シナイモツゴとジュズカケハゼが棲む山中のため池である。変わった形をした黄土色に濁った池である。先生によると、いつもと水の濁り方が違うそうで、以前はヒシがたくさん茂っていたという。最近に池の中の植物を一掃したらしい。しかも、町民釣り大会のためにコイを放流しているという趣旨が書かれた看板もあった。シナイモツゴはモツ

清流

ゴの近縁種で、近年はかなり分布域が狭められているそうである。その原因として環境の悪化や肉食性外来魚の放流のほかに、コイやフナの移入に混じるモツゴとの交雑があるという。モツゴと簡単に交雑し、その雑種第一代に子孫を残す能力がないため、結局環境に対する適応力が強く、卵数の多いモツゴに駆逐されてしまうのだという。そのため、現在ではモツゴが移入されていない、閉鎖的なため池のみに細々と生き残っているそうだ。コイの放流にモツゴが混じっていれば、このため池のシナイモツゴもだめになるだろうと先生が仰っていた。ヒシはその種子がたくさん水面に浮いていたので、来年にはため池の植生は取り戻されるだろうが、モツゴが入ればどうしようもない。網で岸辺を探ると、ジュズカケハゼと少数のシナイモツゴが採れた。ジュズカケハゼは前回関東で見たものと外観も性質も異なる。体が細長く、受け口が強い感じがする。飼育してみても、ふわふわと中層から上層を漂うことが多い。また、しばらく飼育し続けると婚姻色が現れたが、それは関東のものとは全く異なっていた。このジュズカケハゼも、広く分布するタイプと比べると非常に特殊だそうだ。詳しくは関東遠征の章で話した通りで、今回のものは一般的な河川下流部でもなく、関東地方産のように河川上中流部でもなく、山中のため池という環境で生息しているという点も特徴的である。今のところジュズカケハゼとしてまとめられているが、後に複数種に分類されるだろうということである。網でできた仕掛けを投入すると、かなりたくさんのシナイモツゴを採集することができた。今のところは健在のようだ。池に入ってみて分かったことだが、水温が上層と底層では大きく違うのが、ウェーダー越しにもはっきり分かる。当然ながら上層はぬるく、底層は驚くほど冷たい。夏、水面付近

とても気持ちのいい魚野川の景色

が熱くなりすぎても、魚たちは冷たい深みで悠々と生活しているのだ。

もう一ヶ所、ジュズカケハゼが生息するという、今度は川へ向かう。しかし、川底の泥はヘドロ状で固く異臭がし、川の状態が悪化しているようで、ジュズカケハゼは見当たらなかった。見られたのはタモロコとドジョウであった。先生によると、以前は川底にジュズカケハゼがたくさん潜っていて簡単に採れたらしい。なぜ環境が変わってしまったのだろう。残念であった。

二九日の採集はこれで終了し、三〇日のポイントへ素早く向かえるように移動する。新潟県の新発田市まで戻り、夕食を頂いてビジネスホテルに宿泊だ。朝早く出発するため、朝食はホテルではとらないため、宿泊費四三〇〇円のみという安さだ。これから僕も、こういったビジネスホテルによくお世話になることになるだろう。寝る前に先生と明日の打ち合わせをする。先生は他にも、各地に採集に行かれたときのエピソードや、「これってしゃべっちゃうとまずいのでは……」というお話まで、いろいろ語って下さった。とても有意義で楽しい時間を過ごし、自分の部屋に戻ってベッドに入ると、すぐに意識は無くなっていった。

翌朝六時頃、普段の学校へ行く時には考えられないような素早い起床と支度をし、六時半に予定通り出発する。車の中でコンビニ弁当を食べて朝食とし、今日最初のポイントである川に降り立った。不幸なことに、予定していたポイントで河川工事が行なわれており、少し上流側で採集することとなった。幅三～四メートルほどの砂泥底の川で、定石通り水草や抽水植物の陰を探る。網に入ったのはビワヒガイ、ヤリタナゴ、アブラハヤ、ギギ、スナヤツメなど一三種類であった。ビワヒガイとギギは元々この地域には分布しない国内移入種であり、ギギはこの時初めて確認したそうである。国内移入種については外来魚ほど騒がれていないが、外来魚と変わらない悪影響がある。そもそも国内移入種と外来魚の違いは、人間が決めた国境による違いだけと言える。ただ、大幅に土地が離れているわけではないので、性質の大きく違った外来種よりは、目立った影響が現れることはそれほどないかもしれない。ただし、移入された種が、元々棲む種と同種または亜種であった場合、交雑によって地域特有の遺伝子が失われるという目立ちにくい問題が起こる。新たな種類である場合は、定着したときに、限りある生活空間が移入種によって狭められるため、元々棲む種類の生息に圧迫を与える。国内移入種問題はこれから外来種問題とともに考えなければならない重要な課題である。ヤリタナゴは岡山などのものと違った、赤と紫のとても美しい婚姻色が出るそうだ。採った時は産卵期を終えていたため、婚姻色は出ていなかったが、現在、持ち帰って飼育しているので、来春が楽しみである。春にはアカヒレタビラも見られるそうだが、時期的な関係で見ることはできなかった。下流には湖があり、そこから産卵のために上がってくるそうだが、先ほどの河川工事はかなり川をかき回し、いじくっていたので悪影響が出ないか非常に心配である。

次は新潟県が誇る日本一長い川、信濃川に沿って上流方向、つまり長野県方面に向けて移動する。途中、信濃川の一支流の簗場《やな※1》に立ち寄った。信濃川水系もウケクチウグイの生息地であり、もしかしたら簗にかかっていないかという期待をこめての訪問だ。簗場周辺の景色はとても雄大で美しい。絶景のパノラマだ。緑の山々の間を石の多い大規模な清流

※1　川の中に竹などを組んで、川を下ってきた魚を採る施設。

が走る様子は、河川規模の大きい信濃川水系ならではの景色だ。いけすには簗で捕れたアユやウグイ、ナマズが入っていた。いけすの中のウグイにウケクチウグイは混じっていないようだった。簗場の食事処でアユの塩焼きと田楽を頂く。これまた絶品で、骨まで平らげてしまった。味についてとやかく書く必要はないだろう。逆にイメージを損なってしまいそうだ。簗場の方のお話によると、ウケクチウグイは「ホナガ（頬長）」と呼び、以前は六月頃の増水の時にたくさん簗に入ったという。商品にならず、大きくて腐りやすいため、捕れると簗場の方々で食べてしまうそうだ。味はどうなのだろう。現在は少なくなってしまったものの、季節になると簗に入ることがあるそうである。ぜひ一度見てみたいものだ。アユに舌鼓を打った後、簗を見学させてもらうと、二〇センチを超えるような立派なアユと、一五センチほどのこれまた立派なオイカワがかかっており、水しぶきとともにきらきらと輝いていた。

再び信濃川に沿って移動する。信濃川の景色は雄大だ。途中、思わず何度も車を止めて写真を撮る。この川のどこかに、これまた迫力のウケクチウグイが棲んでいるのだ。

信濃川を横目に高台を走っている時、カジカ大卵型の棲みそうな渓流を見つけ、立ち寄ってみる。カジカ大卵型は、中卵型と違って一生を川で過ごすカジカだ。急流で大き目の石がごろごろしており、水は澄んでいる。先生の経験によると、このような川には必ずと言っていいほどカジカ大卵型が見られるそうだが、網を入れても全く見られず、水生昆虫も非常に少ない。近くに立っていた看板によると、上流側にダムがあり、時に余剰な水を放水しているとのこと。それが激しすぎるために餌である水生昆虫が棲めず、カジカも

魚野川の簗場

棲めないということが想像された。それとも、見た目はきれいな水が、実は汚染されているのかもしれない。

長野県に入り、信濃川は千曲川と名前を変える。僕のアカザが見てみたいというリクエストで、アカザがいる川へ連れて行って下さった。アカザは一〇センチほどのナマズの仲間で、水が冷たくしかも岩など隠れる場所が豊富な川にしか棲まない。ポイントを訪れてみると、様子はかなり条件と異なっていた。水量はとても少なく、小さな堰でできた止水域には、たくさんのオイカワやニゴイなどが泳いでいる。川に入ってみると、水はとてもぬるい。表層は三〇度を超えているだろう。これではアカザの生息は絶望である。でも、せっかくなのでたくさん泳いでいる魚を捕まえてみることにした。堰の付近から先生と二人で上流へ向かって追い込んでいくと、ニゴイの群れが上流側の浅い瀬に追い込まれた。先生が魚の逃げ道を読んで叉手網を構え、僕が浅場に逃げたニゴイのうち一匹を狙おうと思いっきり走ると、混乱した魚が先生の網に次々に入った。大漁である。最大四〇センチほどのニゴイが七匹も一度に採れた。アカザは見られなかったものの、ニゴイのお陰で楽しい魚採りをさせてもらった。

なぜこんな川の状態になってしまったのか、上流側を通って分かった。河川工事が行なわれていたのだ。以前はアカザの他にカジカまでいたそうである。工事現場の上流側は、アカザやカジカが生息していそうな川の様子だった。本当に工事が必要なのかついつい疑ってしまう。その後、川へ降りられるようなポイントが無く、帰りの新幹線の時間も迫ってきたので、最終目的地の軽井沢へ向かうことにする。

雄大な千曲川の景色

軽井沢に到着し、水のきれいそうな川へ立ち寄り、持ち帰った後の魚の世話が楽になるよう、先生に魚を入れた袋の水換えをしていただく。その間、僕は川で採集を行なった。水のきれいな小河川である。川岸の植物を探ると、シマドジョウ、ヤマメ、ウグイ、アブラハヤ、ドジョウ、ホトケドジョウが採れた。魚類相から見ても、水がきれいで夏場も低水温の川が想像できる。ヤマメは野外で見るのは初めてで、パーマークが美しい。ファンが多いのもうなずける。シマドジョウは前回関東で採れたものと違い大型で、模様も全く違う。本当に変異の大きい魚だ。アブラハヤは全身に小黒点が散らばっているので、近縁のタカハヤに見えたが、アブラハヤだそうだ。新幹線の時間がぎりぎりまで迫っており、よく観察はできなかったが、最後まで成果が出たのはうれしいことだった。そして、大急ぎで北陸新幹線の軽井沢駅まで送っていただいた。今回もまた、東京までの新幹線の切符を用意していただき、東京駅で東海道新幹線ののぞみを乗り継いで、夜一一時過ぎの帰宅となった。先生に薦められて軽井沢駅で買った、有名な『おぎのや　峠の釜めし』。新幹線の中で食べたこの釜めしの味は、一生忘れられない。

今回もまた、非常に中身の濃い採集旅行となった。信越・東北地方の魚類という、僕の地元関西とは全く違った魚類相、環境をたっぷり見ることができた。毎度毎度のこと、渡辺先生には感謝でいっぱいである。いくら感謝してもし切れない。最高に楽しい二日間だった。こんな経験は、滅多にできるものではない。また、貴重な経験が積み上げられた。

地元の川（その3）

二〇〇二年九月一六日（月）、二一日（土）

とても忙しく、中身の濃かった夏休みの終盤は、これまでの経験を紀行文に書き記すことに躍起になり、学校が始まってからも、さらに新兵器デジカメで魚の写真集を作ろうと決意して、その活動は留まるところを知らなかった。メダカの写真が無かったことに気づき、メダカが生息していると聞いていた、我が家のすぐ近くにある小河川へ出かけてみた。通学で毎日通り過ぎる川だが、川沿いの道から見ているだけで、中に入ったことが無かった。僕もまだまだである。

この川は上・中流部が完全に三面コンクリート張りになっており、魚が棲めるのは海から一キロほどの範囲だけである。海に近いので、大潮の満潮の時にはその大部分に海水が入ってきて汽水域[※1]となっている。底質はこの地域特有の花崗岩質の砂礫もしくは砂底で、区間上流部の淡水域では、侵食されたコンクリート護岸が、ところどころに流れのとても緩い部分を作り出していた。ここでは予定通り、たくさんのメダカが群れをなしていた。数はとても多い。オイカワやフナ類が泳いでいるのも見える。岸辺の植物の陰を狙ってみると、コイの幼魚、ドジョウ、さらにはヒゴイや金魚まで現れた。実はこの川のある区間に、放流によると思われるコイが、浅い川に不釣り合いと思われるほど生息している。住宅地の真ん中を流れる川で、コイに餌をあげている人をよく見かけるし、夏祭りの後など

※1　川の河口部の淡水と海水が混ざる区域。

金魚が放たれることも多いのだろう。さらに、この地域の川は勾配が急で、雨による増水が激しい特徴があり、近くに田んぼなども無いことから、メダカやドジョウの天然分布も疑問に思っている。

コイはアユなどと並んで放流される機会の多い魚である。体が大きく目立ちやすいためか、「川の浄化キャンペーン」のような形で、魚が棲める川のシンボルとして放流されているのを見かけることが多い。しかし、シンボルとしての魚は、やはりその川に元々棲んでいた魚たちではないだろうか。放流した魚を上から眺めても、それは単に人の自己満足に過ぎない。また、コイは大型の雑食性の魚であるため、通常では考えられない密度で生息することになると、水生植物や他の小型魚への悪影響が大きくなる。したがって、コイの放流は環境破壊につながりかねない。事実、海外ではコイが有害な外来魚として扱われている場合もあるらしい。また、メダカとドジョウは一九九九年に絶滅危惧種に指定されてから、急激に保護意識の高まった魚である。特にメダカにおいては、「○○川に子どもたちが絶滅危惧種メダカを放流」などとうたった新聞記事等をよく見かけるようになった。学校教育の一環として、また、各地の保護団体の活動として放流が行われるようである。しかし、メダカにも地域変異が存在し、安易な放流は地域固有の遺伝子を汚染する結果となる。放流を行う場合は、少なくとも放流する水系産の魚で行わねばならない。また、ある種が完全に絶滅してしまった場所に、別の場所から同じ種類を持ってきて放し、それでその種が「復活した」と言えるだろうか。放流という行為は活動として目に付きやすいため、「保護」の名目で行われることが多いが、言ってしまえば表だけの奇麗事であり、逆に一種の環境破壊であると言える。最近、この事実は徐々に認識されつつあるが、一般にはまだあまり知られておらず、広く浸透することを願っている。

下流側へ下っていくと海水が混じる区間となり、ここでもメダカと、一〇センチ前後のボラがたくさん泳いでいた。ボラは汽水域によく見られる魚で、この川の最下流部の運河では、時期によって幼魚から五〇センチもありそうな成魚まで、大群で押し寄せてくる。とても運動能力が高く、追い詰められると軽々とジャンプして逃げていく。元気いっぱいの幼魚に混じって、数匹、大型の成魚がふらふらと泳いでおり、簡単に網に入ってしまった。後から分かったことで、この個体はボラの近似種であるメナダであった。大きなボラ類が、普段いる場所よりかなり上流側で弱って泳いでいるのを、川沿いの道からも何度も見たことがあるが、その理由は不明だ。ボラの季節移動や生活史を観察してみるのもおもしろいかも知れないと思う。岸辺の植物の陰からは、マハゼがたくさん採れた。この魚も汽水域を代表する魚で、天ぷらの種としても有名である。岸沿いに探っていくと、見慣れない縞模様の小さな魚が採れた。シマイサキの幼魚である。予期せぬ珍客の姿に心が躍る。泳ぎ方がとてもかわいらしく、写真を撮ろうとケースに入れるとおびえて黒っぽくなってしまった。

短いサイクルで二回、この川を観察したが、身近なところに色々発見が隠れていることを実感し、いろいろなことを考えさせられた。また、汽水域は川と海が出会う場所であり、海から川へ侵入してくる魚が神出鬼没でおもしろい。これから、もっとも身近な観察場所の一つとなること必至だ。採れたマハゼは数も大きさも手頃だったので、持ち帰ってフライにしてみたが、やはり都会の味がした。

岡山遠征 Part5

二〇〇二年一〇月二〇日（日）

この時期、青春18きっぷとよく似た、一〇月一四日の鉄道の日を記念したJR乗り放題きっぷが発売される。僕はこの年初めて知ったのだが、こうなれば使わない手はない。二〇〇二年は「鉄道の日記念　西日本一日乗り放題きっぷ」というものも同時発売され、一枚三〇〇〇円で売られた。枚数限定で惜しくも機会を逃してしまったのでネットオークションで探し、なんと二五〇〇円で手に入れてしまった。春産卵型のタナゴは美しい時期を過ぎてしまっていたが、秋産卵型のカネヒラが産卵の盛期を迎えている頃である。それから、産卵期にはなかなか釣れなかったシロヒレタビラのオスを釣りたいと思っていた。使用期限があと一日に迫った日曜日、天気に不安を残しながらも、いざ岡山へと向かう。

いつも通りの時刻の電車を乗り継ぎ、さらに駅から歩いて計約三時間、ポイントに到着する。そこは、前回のままののどかな景色を僕に見せてくれた。覗き込んでみると、春よりも水が澄んでいてたくさんの魚が泳いでいるのが見えた。早速竿を出す。はじめに釣れてきたのはオイカワ、続いてコウライモロコが連続して上がってくる。春にはタナゴ類以外は全くと言っていいほど釣れなかったが、今回は特にコウライモロコがよく釣れる。しばらくするとようやくヤリタナゴが釣れ出した。オスはひれにやや赤い色を残していた。相変わらずヤリタナゴはとても多く、休む間もなく釣れてくる。ヤリタナゴに混じり、えらぶたのやや上方に暗色斑があるタナゴが釣れた。シロヒレタビラである。オスであったが、なんと産卵期には真っ白になる尻びれの縁が薄いピンク色をしている。一瞬目を疑ったが、シロヒレタビラで間違いない。その後、オスメス数匹ずつ釣り上げたが、オスの尻びれはやはり薄いピンク色をしていた。どうやらこの地域の非産卵期のシロヒレタビラの特徴のようである。新発見であった。

岸に座って釣りを続けていると、たまに鮮やかなピンク色のひれをした魚が、群れで通り過ぎていくのが見えた。婚姻色の出たカネヒラだ。よく見ると数匹のメスを数匹のオスが追いかけながら泳いでいるようだ。とても優雅で美しい。釣れないかと近くに餌を落としてみるが、追いかけっこに夢中のようで見向きもしてくれない。ところが、僕はついていた。底近くで餌の白い粒が消えるのを確認してあわせてみると、重みのある手ごたえ。上がってきたのは婚姻色ばりばりのカネヒラだった！　けんかのためか、ひれが一部切れてしまっていたが、優雅に広がりピンクに色づいたひれと、胸元の薄いピンクから背に行くにしたがって青緑色に輝く体、虹彩が真っ赤になった目、美しいとしか言いようがない。僕は、しばらくその美しさに見とれていた。

目的も達成し、満足感でいっぱいであったが、せっかく岡山まで来たのだから釣りを思いっきり楽しむ。釣りに来ていた地元のおじさんと仲良くなり、情報交換や世間話が楽しい。おじさんは大物狙いで、ニゴイ（コウライニゴイの可能性もある）を釣り上げていた。少しポイントを変えてみると、今度はアブラボテやタモロコが立て続けに釣れた。やはりアブラボテは地元兵庫県のものとはイメージが異なり、タモロコは体型が細長く、口がやや上を向くホンモロコに似たタイプであった。他に上から観察することができた魚は、カワムツ、カワヒガイ、カマツカ、ムギツク、コイ、スジシマドジョウ中型種、そしてオオクチバスや、ギギを釣っている人も見かけた。魚種・魚影の濃さに感心である。

昼下がりになると、曇りがちの天気が一層悪くなり、雨が降り出した。ここで釣りは切り上げ、シロヒレタビラをオスとメス三匹ずつ持ち帰ることにした。ピンク色だったひれは、年が明けた頃、見事に黒と白に染め分けられた。

西播遠征＋地元の川（その2）Part3

二〇〇三年一月二日（木）

僕の常識では、魚採りは暖かい時期にするものであったが、もはやここまで来てしまうとそんなのは常識でもなんでもなくなってしまっていた。冬の川に初挑戦である。それは、冬には暖かい時期とは違った川や魚たちの様子を見ることができるのではないかという期待からであった。新年明けて間もない頃、「正月に魚採りに出かける高校三年は、日本で

派手な婚姻色のカネヒラ

も僕ぐらいやろうなぁ」と思いつつ、恒例の青春18きっぷを手に朝早くの電車に乗り込む。

西播地方は兵庫県でも岡山県に近い地域であり、類似した魚類相が見られるのではないかと考え、初めて足を踏み込むことになった。電車を降りまずは本流に向かって歩く。当然ながら風が冷たく寒い。本流に出て川岸のテトラポッドを覗き込むと、小魚がたくさん群れていた。早速竿を出してみると、釣れてきたのはオイカワの幼魚だった。新年の初魚である。「ボウズは免れた」[※1]とほっとするが後が続かず、今度は県別マップルで目をつけていた水路を目指す。行き着いた水路は幅二メートルほど、砂礫底で水は澄んでいるが魚が棲むには浅すぎる。しかしながら、ドブガイの貝殻が見られることから、タナゴ類がいる可能性が出てきた。水路を下流に下っていくとやがて幅が広がり、川のような様子になったが、生活廃水が入っているのか水は濁り、最近に護岸工事が行われたようで、どうも川に入る気が起こらなかった。結局、川には入ることなく計画していた終点まで来てしまった。

たまにはこんなこともあるかな、と思いながら最寄りの駅で腕時計を見る。まだ昼過ぎであった。ここで僕は選択を迫られた。「このまま岡山まで行ってしまおうか、それとも……」。ここは成果が確実に上がるであろうことを考えて、地元へ戻ることに決めた。時刻表で乗り継ぎを決めとんぼ返りである。青春18きっぷだからこそできる技だ。

去年八月、夏真っ盛りに訪れた川は雪もちらつく冬景色となっていた。ウェーダーを履いて、真冬の川に挑戦だ。しっかり着込んだ上でウェーダーを履いているので、指先以外はほとんど寒さを感じない。水門のところに魚が集まっているのが見えたのですばやく追

※1　釣り用語で、魚が全く釣れないこと。

←水槽内で婚姻色を現したシロヒレタビラ

い込むと、多くのカワムツとイトモロコが網に入った。イトモロコは去年の夏、小型の個体しか採れなかったが、大型のものを複数採集することができた。砂地を掘り起こしながら追い込んでいくとお馴染み、カマツカが次々と網に入ってくる。当歳魚であろう、三センチ前後の小型の個体が多い。水草の陰を探っていくと、何度目かにどっと魚が網に入った。中にはたくさんのカワムツ、ムギツク、イトモロコ、アブラボテ、カネヒラ、そして……カネヒラによく似ているが微妙に体型が異なるタナゴが網に入っていた。「シロヒレタビラだ！」。この川では初確認である。どうやら岡山県産のシロヒレタビラに比べて体高が低く、関東地方以北に分布するマタナゴ[※1]のような雰囲気である。しかし、残念なことにここで採れるカネヒラと同様、黒点状の寄生虫がかなり付いてしまっていた。水草の陰を探りながら上流へと歩いていくと、オイカワ、ズナガニゴイ、カワヨシノボリ、そして弱ってしまっている大型のギンブナも確認した。オイカワ、ギンブナもこの場所では初確認であった。オイカワについては網に入りにくい魚なので、冬場で動きが鈍っているから捕えることができたのだろう。魚たちは水草の陰にところどころで密集して越冬しているようだった。当たりの場所では、一度に四〇～五〇匹もの魚が網に入ってくる。魚がいる場所が読めるようになってくると、採集は非常に楽である。川の中を動き回っていると少し汗ばむほどで、寒さは全く気にならない。気になるのは川沿いの道を通り過ぎていく自動車だけだろうか……。僕を見てどう思っているのだろう……。えぇい、気にするな！

　前半はどうなることかと思ってしまったが、終わってみれば、不発の時もあってこそ、成果が上がったときによりうれしいのだと思った。冬は一般に減水するので、水路の水が

※1　「タナゴ」という言葉は、タナゴの仲間全体を示す場合と、その中の一種“タナゴ”を示す場合がある。ここでは後者だが、わかりづらいため俗称の“マタナゴ”を使用する。

少なかったのはそのためと思われ、また時期を変え、西播地方を訪れたい。そして、真冬の魚採りもとてもやりがいがある。これで、僕の活動は時期問わず、ということになった。

地元の川（その2）Part4

二〇〇三年一月一八日（土）

先日のシロヒレタビラがどうしても気になったため、何匹か持ち帰ってこようと思い、再び真冬の川へ繰り出すことにした。ところが当日、朝起きると天気は雨。しばらく止みそうになかったのでもう一度寝ることにした。次に目が覚めたのはもうお昼前。雨はすっかり止み、採集日和の天気となっていた。いつもよりかなり遅くの出発となったが、このことが思わぬ結果をもたらすことになるのであった。

川に到着し、いつものようにウェーダーを履き、川の中を探っていく。前回と同様、カワムツ、イトモロコ、カマツカ、アブラボテ……と次々と網に入ってくる。目的のシロヒレタビラも順調に採れていった。川を上流に向かって歩いていくと、三〇センチほどの魚が泳ぎ去っていくのが見えた。しかし、その魚は完全に逃げ去るのではなく、僕と数メートルほど間隔をあけ、こちらを向いて様子をうかがっていた。オオクチバスである。もっと下流側では幼魚を確認していたが、この場所では初めてだ。冬なのでこちらにも勝ち目があるかもしれないと思い、後を追う。が、この魚は非常に頭がいい。網で追うたびに数メートル逃げてはこちらの様子をうかがってくる。最後には逃げられてしまった。僕が知っている限りでは、日本産の魚でこのような逃げ方をする魚はいない。やはり、日本の水辺とは全く違った環境で生き続けてきた結果なのだろう。

続いて、またもや大きな魚の影が目に入る。今度は六〇センチほどもある大きな魚、コイであった。しかも二匹が近くにいるのが見えたので、捕まえてみようと試みる。夏場ではあっと言う間に逃げ去ってしまうところなのだが、冬場で動きが鈍っており、一度逃げても何度も同じ場所に戻ってきてじっとしている。何度か試みてついに捕まえた。タモ網からはみ出し暴れながらもなんとか陸に上げて、写真を撮らせていただいた。コイにとっては冬眠中に迷惑この上ないだろう……。失礼しました。

さらに、である。今度は浅瀬の石の間でじっとしている見慣れない魚。大きさは四〇センチほど、条件反射のようにさっとすくってみると、それはカムルチーであった。別名雷魚とも呼ばれるこの魚は中国原産の外来種で、オオクチバスと同様、完全な肉食性の魚である。移入当初は爆発的な勢いで増殖したそうだが、現在では逆に、オオクチバスやブルーギルに押されて数を減らしつつあるという。どうやら、北米産の外来魚と比べて在来淡水魚に与える影響は大きくないようで、それはカムルチーの原産地、すなわち中国大陸の環境が同じ東アジアということで日本と近いことから、比較的うまくとけ込むように定着したと説明されている。しかしながら、外来魚ということに変わりはない。この仲間の魚は英名でスネークヘッドと呼ばれ、その名の通り蛇のような頭をしており、捕まえた個体もその模様や体の質感と相まってかなりグロテスクだった。カムルチーはこの川では初確認である。

上流側へ向かいながら採集を続けていく。岸がえぐれた場所では、予想通り大きめの魚が網に入ってくる。流心付近のやや深い礫底の部分では、下流側に網を置いて礫を蹴るようにして追い込むと、ズナガニゴイやカワヒガイ、ムギツク、アブラボテなどが次々と網に入った。

ふと下流側を見ると、ウェーダーを履いて川を横切ってくる人影が目に入った。左岸側で何か工事をしているので、その関係者の人かなと思ったが、こちらに来て僕に話しかけてきた。五十歳代後半くらいのおじさんで、話を聞いてみると、そのおじさんは朝から周辺で採集をしていたそうである。たぶん、こんな真冬に高校生くらいの青年がウェーダーまで履いて川に入っているのを見て、おやおやと思われただろうが、僕も川に入っている時に同じく採集をしている人と出会うのは、意外にも初めてであった。当然のごとく淡水魚談義に花が咲いて、意気投合してしまった。おじさんに「シマドジョウがおるところに連れて行ったろか?」と誘われたので、連れて行ってもらうことにした(良い子はまねをしないようにね!)。写真撮影をして、持ち帰り用のシロヒレタビラを選別して袋詰めを済ませ、車に乗せてもらう。車の方へ行くともう一方おられて、二人でよく採集をされているとのことであった。話によると、この周辺はほとんど知り尽くしているそうだ。同じような人がいるもんだなぁと思う。

行き着いたポイントは幅三メートルほどの小河川で、護岸工事が進んでいるが、一部分にわずかに砂がたまった深みが残されていて、ここにシマドジョウがいるという。砂を掘り返しながら追い込んでいくが、数はかなり少ないようで、十数分かけて三匹採集することができた。模様はやはり、これまで採集してきた関東地方や信越地方のものと異なる。大きさは六〜七センチほどだったが、かなり大きくなるとのことである。生息は確認できたものの厳しい状況だ。おじさんによると、護岸工事が行われてから大きく数が減ったらしい。山間で民家もまばらな場所であり、川の規模も小さいのに、護岸工事だけはしっかり行なわれている。それは、車で走っていて見かけた川いずれにも言えた。工事にはそれなりの理由があると思うが、疑問に思うことはとても多い。

次のポイントは、岩盤がむき出しになった川底が特徴的な小河川だった。岸辺の植物を探るとカワムツ、オイカワ、ヤリタナゴのそれぞれ幼魚が網に入る。ドブガイ類も生息しており、ヤリタナゴはこれに産卵して生息しているようであった。川を上っていくと、段差が作られている場所があり、その上流側に流れの緩い深みができ、大量に砂がたまっていた。そこではやはり、大型のコイとギンブナが採れた。ギンブナにはひれに黒点状の寄生虫が多く付いていた。しかしながら、ここの砂は何か不自然であった。ほとんど一定の大きさの粒の砂が一面に覆っており、足がずぶずぶとはまっていく。工事などで不要になった砂が捨てられているような感じがした。

採集を終えた頃には辺りは暗くなり始めていて、帰路につくことになった。おじさんに途中の駅まで送っていただき、お礼を言って別れた。雨で予定が狂ったおかげで、意外な出会いをすることができ、おもしろい採集になった。おじさん方に大感謝だ。持ち帰ったシロヒレタビラは、長期間飼育することによって寄生虫も抜け、あとは成長してどんな婚姻色を現すのかを楽しみに待っているところである。

滋賀遠征 Part2

二〇〇三年三月二一日（金）

高校卒業後の春休みも予定が目白押しであった。再び青春18きっぷシーズンに入り、一年ぶりに滋賀県を訪れることにした。今回は、一年前に採集したポイントを再確認し、さらに新しいポイントを探すため、適当に途中下車しながら琵琶湖を一周する計画である。

まずは琵琶湖の北部へ向けて移動する。乗り継ぎに三〇分ほど時間があったので、改札を出て近くの港へ出てみた。岸壁の辺りは深さ二メートルほどで、何か回遊してきそうな雰囲気だが、魚影は見られなかった。魚がいれば、釣りに良さそうなポイントである。

予定していた電車を乗り継ぎ、去年も訪れた用水路へと向かう。その前に、途中にある流入河川に入ってみることにした。川底は礫底で、あまり魚影はなかったが、細長い一〇センチほどの魚がちらほらと泳ぎまわっているのが見えた。追い込んですくってみると、それらはオイカワとかなり痩せたワカサギであった。ワカサギはちょうど産卵期を迎えている頃で、産卵を終えた後の姿のようだ。元々琵琶湖には生息していなかった魚で、移殖により少数が定着しているようである。プランクトン食性で、他の魚に直接的に影響を与える魚ではないが、移殖先によっては、ワカサギの定着でプランクトン組成に変化が生じ、周りの生物や湖の透明度にも影響を与えているらしい。どんな性質の生物であっても、在来の生態系に何らかの変化をもたらすという好例である。

そして、目的地の用水路へ向かう。様子は去年と全く変わっていない。オイカワ、ヌマムツ、カワムツ、ヤリタナゴ、アブラボテといった去年通りの面々に加えて、新たにタモロコ、フナの一種、ドンコを採集した。タモロコは岡山県で釣ったものに比べて顔が丸く全体に太短い体型をしている。フナはかなり金色を帯びた体色で、体高が低めであり、背びれの軟条数も少ないようであった。タモロコやフナ類は、地域や環境によって変異が大きい。また、ドンコは砂礫底の清流に棲む印象があるため、このような泥底の用水路での確認はとても意外であった。

電車の時刻に合わせて、さらに北へ移動する。次に下車したのは、琵琶湖の北側にある余呉湖という湖の辺りである。ＪＲの余呉駅から湖の方を見渡すと、田んぼの向こうに湖、湖は山々に囲まれて、とてものどかで風光明媚な景色が広がった。湖に流れ込む川沿いを歩いて余呉湖へ向かう。川にはワカサギと思われる魚がたくさん群れていた。ちょうどお昼過ぎ、お腹もすいてきたので昼食をとることにした。湖のほとりにあるお食事処に入る。美しい余呉湖の景色を眺めながら、お品書きに手を伸ばすと「わかさぎの天ぷら定食」の文字。すぐそばの川にもたくさん泳いでいることだし、名物なのだろう、迷わずこれを食べることにした。美しい余呉湖の景色を横目にしばし待つ。ほんとに落ち着きのある雰囲

余呉駅より余呉湖を望む

気である。運ばれてきた定食は、これで一〇〇〇円かと思ってしまうほどの充実振りだった。早速、わかさぎの天ぷらに箸を伸ばし、つゆにつけて口に運ぶ。正直に出た言葉は「うまい！」。衣はサクサクとしていて、淡水魚にありがちな臭味も全くない。新鮮な証拠だ。これまで、何度かワカサギを食べたことがあったが、こんなにおいしい魚だったとは知らなかった。

お腹も満たされ、「もうこれで今日は満足だ。来た甲斐があった」という気分になってしまった。ここで食べた定食の味はもう忘れられない。のれんをくぐり、余呉湖畔を歩いてみることにする。風景画を切り取ったような、湖岸から見る余呉湖は、心を落ち着かせてくれた。

電車の本数は多くないので、時刻に合わせて移動する。次に降りた駅ではすぐそばに川が流れており、そこで採集してみることにした。砂礫底の清流と呼べるような川で、地元の芦屋川に雰囲気が似ている。季節が悪かったのか魚影はほとんど見られず、わずかにカマツカ一匹と、オイカワ、カワヨシノボリ、ドンコのそれぞれ幼魚が見られただけであった。魚がいないのがおかしいのでは？　と思えるような川なので、季節変われば魚影も変わるに違いない。

そろそろ日も傾き始める時刻となってきた。最後となる下車駅ではビーチがあるとの案内があったので、時間のこともあり採集は考えず、どんなところなのか歩いてみることにした。しばらく歩いて浜辺へ出ると、青い琵琶湖のパノラマが広がった。いい天気だったので、竹生島や対岸の山々まで見渡せた。石垣に座って景色を眺めていると、どこからと

わかさぎの天ぷら定食

もなく一匹の猫がやってきて、僕に擦り寄ってきた。何か食べ物が欲しいのだろう、僕のリュックに顔を近づけ、しまいには顔を突っ込み始めた。よく人馴れしている猫で、しばらくなでたりしてやる。人馴れどころか人の中身まで読めるようで、家族連れが浜辺にやってくると、餌をくれない僕を放ってそちらへ走っていった。

予定通りの新快速電車に乗り込んで帰路についた。乗ってしまえばあとは芦屋まで、のんびりと座って流れる景色を眺めるのみ。今回は採集というより旅の色合いが強いものとなったが、これはこれでとても良かった。採集成果は大して無かったが、あのわかさぎの天ぷら定食を食べたこと、美しい景色を眺め、散策できたことで大満足であった。

地元の川（その4）　二〇〇三年三月二二日（土）

琵琶湖を一周してきた翌日、これまでも一緒に採集に出かけたことのあった伊地知君と、大学に入るまでにもう一度魚採りをしようと約束していたので、伊地知君が子どもの頃によく遊んだという川へ出掛けることにした。今度の川は、住宅地や工場の立ち並ぶ地域を流れるまさに都市河川であり、橋の上などから眺めるとコイが非常に多く泳いでいるのが目に付く。事前に下見をして決めておいた、採集する区間の起点で待ち合わせをし、川に入る準備をする。徐々に暖かくなってきたとはいえまだ三月下旬で、しかもあまりきれいでない川なので、素足でそのまま川に入るのは気が引ける。僕はウェーダーを履いているが、今回、伊地知君はレインコートを改造して自家製ウェ、、、ェーダーを用意してきた。「それ、絶対浸水するでー」と笑ってしまったが、努力の結晶を履き、二人、川に入る。

やはり水質は良くないようで、ところどころ泡立っていたり、油が浮いていたり、残念ながらゴミも多く、水の濁りは生活廃水などによるものだと思われた。魚はやはりコイが多いが、小さな魚が素早く泳ぎまわっているのも見える。おそらくオイカワで、稚魚を採集することができた。始めて三分経ったか経たないかのうちに、「水が入ってきたー!」との声が……。予想通り、浸水である。「大丈夫かー?」の問い掛けに「最初は冷たいけど、しばらくしたら慣れてきたわ」とのことなので、下流へ向かいながら採集を続けていくことにした。植物や岩の陰を狙っていくが、最初はなかなかふるわない。「やっぱりだめなんかな」と思ったが、ようやく、流れの緩い岸辺の植物の中から小魚が姿を現した。メダカである。いてくれるとうれしくなる魚だ。続いて伊地知君も声をあげ、網を覗くとモツゴが入っていた。そのあと、タモロコやギンブナ、コイが二人の網に入っていく。タモロコは以前、岡山と琵琶湖で採集した個体の中間くらいの体型をしていて、ギンブナはまさに銀色をした典型的と思われる個体であった。大きな岩の縁を追い込むと、意外にもコウライモロコが網に入った。これまでの採集地のイメージから、このような都市河川には生息しないだろうと思っていただけに驚く。五センチほどの小型個体で、スゴモロコによく似て吻が尖り気味だが、後で渡辺先生に尋ねたところ、現在の分類ではコウライモロコとしてよいとのことだった。難しい魚である。

ふと岸近くの植物の陰に大きなナマズを見つけた。「おーい、ナマズがおるで！」と声をかけ、網に追い込んでみたが見事失敗。ところがやっぱり、伊地知君は毎回何かやってくれる。逃げたナマズの姿を見ていて、遠くに行っていないのを確認し、なんと捕まえてしまった。大きさは四〇～五〇センチほど、お腹はパンパンに膨れ、立派なナマズである。「やるなぁー、伊地知！」。

最後に大きめのギンブナと、ブルーギルの幼魚数匹を加え、ここから先は深くて採集ができないため終わりとした。予想していたよりも多く、在来種で八種類の魚を見ることができた。都会の中のかなり汚れた川なので、僕たちのように川に入って魚採りをする人は皆無に近いと思うが、途中で「何が採れるの？」、「昔はこんなんがいたんやで」と声をかけて下さる人もいて、汚れていても、やはり付近の人々にも川に対する意識はあるのだと思った。高度成長期の頃、この川はもっと汚れた、人を寄せ付けないようなドブ川だったらしい。現在、徐々に環境が改善されてきているものの、単純に上から見ているだけではコイくらいしか見えない。でも、川に入って探してみると意外にたくさん魚がいる。このことをより多くの人に知ってもらって、川を美しくしていく意識を高めて欲しいと思った。だれもが関心を持てるような川にすることで、その川は人とのつながりを断たれることなく、良好な環境が保たれるに違いない。

伊地知君との採集は三回目だったが、やはり楽しい。しかも魚を採るのがうまいので毎回大助かりだ。大学は別の学部だが、また一緒に魚採りに出掛けたい。

伊地知君に捕まってしまったナマズ

岡山遠征 Part6

二〇〇三年三月二五日（火）

青春18きっぷが発売される時期には、どうしても岡山県まで足を伸ばしたくなる。今回はさらに西へ向かい、高梁川水系も範囲に入れようと考えていたのだが、予定していた日はあいにくの雨で行くことができず、その翌日、朝は雨が残る中、天気予報では次第に雨は上がってくると言っていたのを信じ、出発した。延期のおかげで、次の日からは事前に申し込んでいた大学の新入生オリエンテーションキャンプを控えての遠征となり、ハードスケジュールとなるのは必至であった……。

電車を乗り継ぐこと約三時間、目的の駅に着く頃には晴れ間が覗いていた。県別マップルで探し、行こうと思っていた場所が駅からかなり遠いので、ちょうどその駅にあったレンタサイクルを利用することにした。大きな荷物を担いで自転車をこいでいく。目的の用水路に着くが、その水路は三面コンクリートで魚影はまったく見当たらない。仕方ないので、用水路沿いに上流へ向かうことにする。ずっとコンクリートの水路が続くが、本流に出る直前に、貯水池のようになっているところにたどり着いた。釣りをしているおじさん方がいて、話を聞いていると「まだ早いな」との声。とりあえず、良さそうなポイントを探してみる。すると桟橋のあたり、その影にたくさんの魚が群れている場所を見つけた。「なんだ、いるじゃないか」と思い、早速竿を出すことにした。魚が群れている辺りに餌を落とすが、不思議と全くアタリが無い。餌と魚の姿を見ながら、きっちり仕掛けが届いているのを確認したが、まるで反応が無かった。しばらく粘るもののやはりだめだったので、池の様子をぐるっと眺めた後、本流に出てみた。高梁川も吉井川や旭川と同じく、雄大な流れであった。

電車の時刻も考えて、駅に戻ることにした。レンタサイクルを使うと一気に行動圏が広くなる上、速く、楽だった。この手は今後使えるなと思う。次は去年五月に訪れた旭川へ行くことにした。その時は何も釣ることができず、今度こそという思いを込めてである。

旭川はこの前と同じく、豊富な水量を湛えてゆったりと流れていた。まず、岸辺のヨシが茂る浅瀬に網を入れてみると、オイカワの幼魚とたくさんのメダカが採れた。本流でも、このような浅く流れの遅い場所にメダカが生息していることが分かった。続いて釣りができそうなポイントに移動するが、先客がかなり多く、はずれ付近で竿を出した。去年もこの辺りで釣ったのだが、浅すぎるのか、やはりアタリは無い。しばらく釣りを続けていると、西側の山の空が見る見るうちに暗くなってきて、雷が鳴り出した。夕立が来そうな予感……。「何か今日はついてないなぁ」と思っていたら案の定、雨が降り始めた。しかも、ただの雨ではない。バケツをひっくり返したような雨に加え、激しい雷と暴風に見舞われた。これは河原にいては危ないと思い、急いで橋を渡って駅のほうへ避難する。移動する間に雨風雷は激しさを増してくる。橋の上の風がまたものすごく、雨が道路と平行に飛んでくる。なんとか駅に避難した時にはずぶ濡れでもうお手上げ状態。駅に着いて数分すると雨は上がり、また晴れ間が覗き始めた。まさに集中豪雨だった。

このまま帰ろうかと迷ってしまったが、まだ時間もあるし何より成果が無いに等しい。雨で釣り人も減っただろうと思い、もう一度ポイントに行ってみることにした。思惑通り釣り人はごくわずかで、深くなっている好ポイントに座って釣りを再開した。釣りながらポイントの様子を探っていると、大きな岩の向こうが深くなっていて、その岩沿いに仕掛けを流すと浮きに反応が出ることが分かった。何度か挑戦してみるとついに魚がかかった。釣れてきたのはヤリタナゴである。その後もぽつぽつと、計三匹を釣り上げた。オスは尻びれ先端の赤が濃くなってきていて、メスには産卵管が伸び始めている。今から産卵期を迎えるといった状態であった。三〇分ほど釣りをすると、また空が怪しくなり、遠くの方で雷の音が聞こえてきたので、もう勘弁とばかりにここで切り上げることにした。帰りの電車ではぐったりであった。

岡山までやって来た割に成果は麗しくなく、しかも集中豪雨に遭うという災難だったが、元はといえばかなり無理をして決行した計画。神様が「無茶をしてはならない」とお告げになっていたのかもしれない。当然、翌日からの新入生オリエンテーションキャンプは、ただでさえハードなところを、疲れをため込んだ状態で参加したので相当堪えた。今となっては笑い話である。しかしながら二泊三日のキャンプは楽しく充実し、たくさん友達もでき、いい大学生活のスタートが切れそうだと思った。

富士山と富士川

東海遠征

二〇〇三年三月三〇日（日）〜三一日（月）

渡辺先生と初めて採集に出掛けてから約一年、今年の春休みは、静岡県を中心とした東海地方を案内していただけると連絡が入った。静岡県あたりはフォッサマグナにより魚類相が大きく変わる地域で、フォッサマグナを境目に東側では、純淡水魚が少なくなってハゼ類などの両側回遊魚[※1]が豊富となる。これは、フォッサマグナの形成以後に西側より進入してきた純淡水魚が、フォッサマグナに阻まれて分布を広げることができず、代わりに、海伝いに移動が可能な両側回遊魚が繁栄していると考えられている。ハゼ類をあまり多くは見ていない僕にとって、新たな魚類相を実感できるだろうと、とても期待ができる地域だ。

三〇日朝、新幹線で待ち合わせ場所である新富士駅へと向かった。今回は青春18きっぷや夜行列車は使い勝手が悪く、贅沢にも往復新幹線を利用することにした。新富士駅に到着し駅前の駐車場へ歩いていくと、渡辺先生とこれまた思い入れ深い、採集特別仕様車がお出迎えだ。

先生との久々の再会を喜びながら、まずは伊豆半島へ向かう。伊豆半島は漠然と平坦なイメージがあったのだが、意外にアップダウンが激しい地形に少し驚いた。やはり、行ってみて初めて実感できることは多いものだ。初めのポイントはやや山間の細流である。幅

※1　淡水で生まれてすぐに海へ下り、産卵とは無関係に、ふたたび川へ戻る魚。

一メートルあるかないかの流れで、こぶし大の礫に泥が積もっている。石を蹴りながら追い込むと、網に入ったのはクロヨシノボリとスミウキゴリであった。クロヨシノボリは、特にオスはその名の通り黒味が強く、黄色く縁取られた背びれと尾びれが目立つ。黒っぽい体色の中にオレンジ色を主とした模様が散りばめられていて、ひれの模様と相まって独特の美しさがある魚だ。スミウキゴリは新潟県でも採集したが、その時は水量豊富な清流でアユやカジカなどと見られ、生息環境のギャップが大きい。少し下流へ行くと他の川との合流点があり、そこではアブラハヤが採集された。また、川のすぐそばにある休耕田では、ドジョウとメダカが網に入った。メダカはひれの赤みが強く、特有の地域集団であるだろうことを想像させる。

次に車を降りた場所は、周りの菜の花の群生がとても美しい小河川であった。両岸は護岸されているが、上から覗き込むと魚が群れているのが見えた。採集されたのはアブラハヤとオイカワであった。採集できなかったが、フナ類が泳いでいるのも確認した。

続いて、幅二〜三メートルほどの、礫底でかなり流れの速い川で採集を行なった。流れの割に海から遠くない場所で、一〜二キロほどだろうか。二人で川に入り、礫を蹴って追い込んでいくと、先生の網にヨシノボリ類が入る。シマヨシノボリとルリヨシノボリだ。大型のものはどちらも一〇センチ近くあり、地元では五センチほどのカワヨシノボリやトウヨシノボリばかり見ている僕にとっては、「ヨシノボリ」のイメージを覆すほどインパクトだった。シマヨシノボリの最も大型のオスは、優雅に第一背びれが伸長し、体色がとても派手で美しい。ルリヨシノボリは頬の瑠璃色に輝く斑点が特徴なのだが、採集後は緊張のためか体が真っ黒になり、斑点も目立たなくなってしまった。さらに先生はボウズハゼも捕まえる。石に付いた藻類を食べる種類で、頭と口がとても独特な形をしている。急流に適応しており、吸盤状になった腹びれを触ってみると独特な感触で気持ちがいい。僕の方はというとなかなか感覚がつかめず、小さなシマヨシノボリが採れるばかり。しばらく続けていると、ルリヨシノボリとボウズハゼは流れの最も早い瀬に多いことが分かってきて、なんとか自力でも採集することができた。他にはアマゴの幼魚が網に入った。ヤマメによく似ているが、体に朱色の斑点があるのが特徴だ。

この日最後のポイントは、すぐそばに海が見える砂礫底の川である。両岸はコンクリートで護岸され、川幅は一〇メートルほど、干潮のため水深は浅く、深い場所でも五〇センチほどであった。川底をかき混ぜるように追い込むと、スミウキゴリ、ミミズハゼ、ゴクラクハゼが採集できた。ミミズハゼは細長い体型をした独特なハゼ類で、背びれが一つしかなく、一見ハゼに見えない。網の中でまるでドジョウのようにくねくねと動いた。ゴクラクハゼはヨシノボリに近縁のハゼ類で、大型のオスは各ひれが大きく広がって、とても優雅な姿をしていた。他にはアマゴの幼魚とウナギの幼魚であるシラスウナギを採集した。一〇センチほどのサイズのこのウナギは透明な体をしている。

日が暮れて、沼津で夕食をいただくことにした。相模湾は海の幸の宝庫で、名物のキンメダイの刺身やサクラエビの天ぷらなど、どの料理も新鮮でこの上なくおいしく、われながらにすごい食欲だと思ったほど、箸がどんどん進んだ。採集に出掛けたときには、舌でもその地域を味わうことができる。なんとも贅沢で、遠征のもう一つの醍醐味である。この日は再び新富士駅まで戻り、近くのビジネスホテルに宿泊して次の日に備えた。一日目から初めて採集するハゼ類のオンパレードで、大満足し眠りに就いた。

翌三一日、今度は静岡県を西に向かって移動する。途中、富士川の近くで富士山を見ることができるサービスエリアで休憩をした。当日は良い天気で、富士山が美しい姿を見せてくれた。富士山を生で見るのは初めてで、多くの人が魅了されるのが納得できる素晴らしさだと思った。富士山をバックに富士川が流れているのだが、広い石の河原があって、その河原の何分の一かくらいの細さで水が流れている。電車から眺めていても分かるように、富士川に限らず、静岡県を流れる大井川や安倍川なども同じ景観である。ここから分かることは、このあたりの川は増水時の水量が非常に多いということだ。きっと、増水時には石の河原目いっぱいに水が流れているのだろう。そのせいで、石だらけの河原には植物がほとんど生えていない。この点は、西日本の多くの川、たとえば岡山県の旭川や吉井川などと異なっている。

さらに西へと移動し、最初のポイントに到着する。砂礫底で上流寄りの中流域といった景観である。瀬付近の石を蹴りながら追い込むと、カワヨシノボリとオオヨシノボリが採れた。オオヨシノボリはその名の通り最大級のヨシノボリで、やはりまた、その大きさがとても印象的だった。オスは第一背びれが伸長し、その姿からは迫力すら感じる。そして、この川では地元でも見慣れたカワムツも採集することができた。

次のポイントは、もうすぐ汽水域に入るような川の下流である。中規模の川でこの川では川岸の植物がよく発達していた。水はかなり濁っていて、流れは意外に速い。先日の雨の影響とやや生活廃水が流れ込んでいるような濁り方に感じた。底質は主に砂泥で礫も少し見られる。川岸の植物の間を狙うとドジョウやウグイ、モツゴ、ギンブナ、シマヨシノボリが網に入った。僕は採集することができなかったが、先生が二匹のタモロコを捕まえた。このタモロコは全体的に金色がかっているのに加え、普通のタモロコに特徴的な黒い縦条が不鮮明で、逆にその縦条を挟むように入る、二本の黄色味が強い金色の線が目立っていた。こんなタモロコを見るのは初めてで、とても美しく、印象的であった。

今度は同じ川を少し下って採集を行なった。ボラの幼魚であるハク、ゴクラクハゼ、カワアナゴといった顔ぶれから、川の最下流部もしくは汽水域に入ってきていることが分かる。他にはギンブナとヌマチチブも採集された。ゴクラクハゼは砂の中に潜っているようで、川底が砂になっているところを掘り返して追い込むと簡単に採集できた。礫が混じる部分で同じことをすると、今度はヌマチチブが多く採れる。カワアナゴは岸辺の植物の間におり、一〇センチほどの若魚と一センチほどの幼魚が採集された。ドンコをスマートにしたような印象の魚で、体色の変化が激しい。持ち帰って飼育してみると、普段落ち着いているときは一様に褐色で白い斑点がぽつぽつとある体色だが、網ですくうなどして驚いたときには、見る見る体色が変化していき、背中側が褐色がかった黄土色、腹側が濃褐色に塗り分けられるという体色変化が観察できた。とてもおもしろい魚である。

続いては、ナガレホトケドジョウが見られるというポイントに案内していただいた。ナガレホトケドジョウはホトケドジョウに近縁な魚で、十年ほど前にホトケドジョウから分けられた新種だ。ホトケドジョウに比べて体が細長く、背びれがやや後ろにあるなど形態的にも違いがあるが、最大の相違点はその生息環境である。ホトケドジョウは主に平野部の清らかな細流に生息していて、これまでにホトケドジョウを採集した環境もそのような場所であった。ところがナガレホトケドジョウは、川の最上流付近もしくは深い森の中を流れる、ごく小規模な流れに生息しているそうである。案内していただいた場所も、かなり山を登り、スギ林の中にある幅一メートルもないような小さな沢であった。水はとても澄んでいて、砂礫底である。網を入れてみると、カワヨシノボリとともにナガレホトケドジョウが姿を現した。ホトケドジョウと比べるとやはり体が細長く、体・ひれ共に黒い斑点が少ない印象だ。カワヨシノボリは特徴的な個体群のようで、オスの尾びれ付け根の明るい橙色斑が目立ち、トウヨシノボリとの関係を示唆しているように思わせる。カワヨシノボリのように、ハゼ類であれば腹びれが変化してできた吸盤のおかげで移動能力が高く、このような山奥にも生息しているのも納得できる気がするが、ナガレホトケドジョウはそれほど遊泳力が強いとは思えず、どうやってこんな環境に生息するようになったのか不思議に思った。

さらに西へ向かって移動している途中、両岸が護岸されヨシが生い茂る小河川を見つけ、採集してみることにした。川底は礫でごつごつしており、ここではカワムツとカワヨシノボリが採集された。カワヨシノボリは先ほどのナガレホトケドジョウのポイントのものと外見が異なって見える。個体変異も大きい魚なので、一概にどう違うかはっきり言うことはできないが、地元のカワヨシノボリとも違って見える気がした。僕はこの魚を数多く見た経験がないので、堂々と「違う」と言えるほどではない。いろいろな地域のものを見比べて、分布域の端から端まで並べてみるとおもしろいだろうなと思った。

今回の遠征最後のポイントは、田んぼの脇に作られた素掘りの用水路であった。ここで僕は、「あふれ返る」という表現がどんなものなのか、思い知らされることになる。用水路の幅は六〇～七〇センチほど、最近の用水路はほぼ一〇〇%と言っていいほど、どこかにコンクリートが使われているが、この水路は単に土を掘って作られたもので、流れは止まっているとも言えるほど緩やかである。底はふかふかとやわらかい良質の泥が厚く積もっていた。泥の表面付近をさ～っとすくうようにすると、すくわれた泥の中からおびただしい数のスジシマドジョウ小型種東海型が姿を現した。岡山県の章で出てきたスジシマドジョウ小型種山陽型によく似た種類で、生息環境などの性質もよく似ているという。かがんだまま、腕を動かすことができる範囲を軽くすくうだけで、一度に三〇匹以上、網に入ってくる。用水路のどこをすくってもそのような状況だ。他にメダカやドジョウ、タイリクバラタナゴも混じった。とにかくその生息密度に驚いたが、本来はこんな状態が普通であるべきなのかもしれない。環境さえ適したものであれば、淡水魚にはこのような密度で生息する能力があるのだと思う。例えば昔、琵琶湖ではタナゴ類が無数に生息し、釣り人から嫌われていたというのはよく聞かれる話だ。琵琶湖に限らず、「昔はたくさんいたのに……」という嘆きを、現地の人から聞くことはかなり多い。逆に言えば、今、多くの淡水魚たちは息を切らしながら、人によって改変されて棲みづらくなった環境で、必死に暮らしているのだと言えるだろう。減少を続ける淡水魚たちを復活させるには、何よりも本来の生息環境を取り戻すことが重要だと言えるに違いない。

今回の遠征でも貴重な経験をたくさん積むことができた。フォッサマグナより東の静岡県では、日本の水辺で一大勢力を誇っているコイ科淡水魚がほとんど見られず、ハゼ類が優先しているという魚類相を初めて見て、実感することができた。初めて野外で観察したハゼ類の種類も数多く、目的も達成である。一方でナガレホトケドジョウのような特殊な魚を目にしたり、昔、無意識のうちに人が淡水魚たちと共存してきた頃の名残も垣間見ることができた。考えさせられたことは多い。そして、より一層、日本に棲む淡水魚に対する関心が深まったと思う。いつものことながら、渡辺先生に大感謝だ。

おわりに

渡辺先生との出会いがあり、関東遠征をきっかけに僕は一気に行動的になり、様々な場所を訪れ、様々な発見をすることができた。現地を訪れ、現地を体感することで分かってくることは想像以上である。それは、川に入っているときだけでなく、目的地へ向かう電車の車窓や、地図で想像力を膨らませて、「ここには何がいるだろう？」とうきうきしながらポイントへ向かって歩く時に、目に入ってくる景色やまわりの様子……すべてが貴重な体験であった。たくさん本を読み、勉強し、たくさんのことを吸収するのは重要なことである。しかし、今回の体験は、こういった方法で身に付けた知識とは到底比べられないほど、リアリティーに富み、五感に訴えて体に浸透してくるようなものだった。

僕にとっては、その場所を訪れた「一回目」は全てのスタートであり、これから季節ごとに、または時間が経過した後に繰り返しその場所を訪れることで、現地へ行く価値がどんどん高まっていくと考えている。季節の変化で魚種や魚影に変化はあるか、川の環境に変化はあるか、もしくは工事などで環境がどう変えられ、それがどう魚に影響したか……など。これらを継続的に観察して初めて、魚と水辺の環境の「ほんと」の部分が見えてくるのではと思う。先生には、まさにそのことを身をもって教わった。また、生息地を訪れた時、目的の魚がたくさんいた場合でも、ほとんど見ることができなかった場合にも、それはそれで、ある魚が「いる環境」、「いない環境」を見たという点で、非常に重要だと先生はおっしゃる。とにかく「行ってみる」ことが大切なのだ。

淡水魚の棲むそれぞれの地域の風景は、とても印象に残るものである。「こんな風景があるんだぁ」と感動することがとても多い。同じ日本でも少し移動すれば、その地域の文化・風習や地形・気候条件で風景は変わってくるし、それは淡水魚にも影響を与えている。風景は淡水魚を探しに行く時の大きな魅力の一つである。

また、淡水魚を飼育する時、水槽を泳いでいる魚の生息地の風景が思い浮かぶことは、その魚に対する思い入れを特別に深いものにした。売られている魚とは比較できないほど、野外で見る魚は生き生きとし、美しい。僕は、魚を購入することを否定はしない。観賞魚店などで魚たちに出会うこともあるだろう。しかし、自分の足で野外へ出かけて魚たちと出会ってこそ、魚たちの本当の姿を知ることができると思う。特に、日本の淡水魚ではちょっと川に出かけてみるだけで出会える種類も多い。日本の淡水魚に興味を持ったなら、これまで紹介してきたような、野外でしか体験できない魅力を味わって欲しい。

そして、出会った魚たちを飼育してみることは、新たな発見の始まりである。水槽の中でも、自分で工夫を凝らしながら飼育していくことで、よりよく魚を観察することができ、うまくいけば次の世代を残そうとする姿も見ることができる。水槽という、自然界とは比べ物にならないほど小さく狭い世界でも、身近に魚たちの生き様を感じることができるのである。こうして魚に興味を持つことで、僕は環境問題にも関心を持つようになった。川に入っているとゴミや水の汚染などを実感させられ、普段からどこか川を通るたび、その様子を気にするようになった。関心を持って魚について調べているうちに、ダムや河川工事、外来種問題なども意識するようになった。関心は魚とその周辺環境にとどまらない。魚も水があるだけでは生きていけない。周りの環境、他の生物などとの直接的・間接的な関係の中で生きている。環境問題もそれぞれが独立してあるのではなく、つながっている。魚を通して新たに学んだことは数知れない。僕には、淡水魚に興味を持たなければ、知らないままでいるだろうなと思うことがたくさんある。

今回の様々な体験は、人々との出会い、協力、自分の置かれた条件など、どこかが欠けてしまっていたら、できなかったことだ。渡辺先生との出会いはもちろんのこと、セミナーの存在を教えて下さった方、家族や友達の協力、そして僕が関学生でなければ、このようにあちこちへ出かけて、魚たちに会いに行くことはできなかったに違いない。全ての偶然の中に自分がいることを幸せに思う。そして、感謝の気持ちを忘れない。

「様々な場所を訪れた」と言ったが、日本はまだまだ広い。訪れてみたい場所、もう一度訪れたい場所がたくさんある。より多くの場所を、より多くの回数訪れることで、日本の淡水魚についてより深く知り、より深く考え、自分の淡水魚に対する関心・考え方を、実体験を伴った本物にしていきたい。その道のりはまだ始まったばかりであり、これから、どのような体験が僕を待っているのか、心躍らされる思いである。

【参考資料】

川那辺浩哉・水野信彦編（一九八九）『山渓カラー名鑑　日本の淡水魚』山と渓谷社。

渡辺昌和著（一九九九）『川と魚の博物誌』河出書房新社。

渡辺昌和・坂戸自然史研究会著（二〇〇〇）『魚の目から見た越辺川』まつやま書房。

森誠一編著（二〇〇一）『自然復元特集5　淡水生物の保全生態学——復元生態学に向けて』信山社サイテック。

※本文中で、淡水魚の具体的な生息地名を明記していません。それは、一部の心無い淡水魚の業者や愛好家が、生息地の公開により現地に殺到し、乱獲や環境を荒らすなどの行為が行なわれる場合があるからです。特に一部の業者は、淡水魚が好きなわけではなく、淡水魚をただ単にお金になるものだとしか考えず、その場所の魚を根こそぎ採っていってしまう場合もあると言います。それは、高いお金を出してでも、特に希少淡水魚の場合は「プレミア性」を求めて買い求める人がいるからです。事実、淡水魚を扱う店舗の雑誌広告などには、「プレミア性」を煽り立てるような表現をしていることが多々あります。もちろん、本当に淡水魚やその生息環境に深い関心を持ち、まさに「現場」の人として多くの経験を積まれ、とても深い考えを持たれた業者の方がおられることも事実ですし、皆が皆、「プレミア性」を求めて淡水魚を飼っているのではなく、心から淡水魚が好きで飼育しておられる方が大半だと思います。淡水魚に関わる全ての方が、最低限のモラルと責任のある考えを持てるようになることを望んでやみません。この文章のように、公に見られるという性質がある以上、安易な生息地開示を自粛することは常識となっています。

また、この文章は「どこに何がいたか」ということを伝えることを目的としておらず、僕の淡水魚との出会いの中で気づいたこと、感動したこと、感じた問題点、淡水魚のおもしろさ、そして日本には様々な環境が凝縮されていて、様々な淡水魚が生き生きと暮らしているということを伝えられればいいなという気持ちで書きました。実際に訪れた場所は、日本全体から見ると一部とも言えないようなほんのほんの一部ですが、それでもこれだけのことを感じ取ることができました。こういった意味からも、本文中での生息地開示の必要性はないと判断しています。

解説

渡辺昌和

　富永君に初めて出会ったのは、私が二〇〇一年の五月に大阪・此花会館でおこなわれた「淡水魚の地域変異」をテーマとする水生生物講演会の一講師として招かれたときのことでした。当時、彼は確か高校二年生だったように思います。講演が終わって、一階のホールで淡水魚談義に花を咲かせていたときに彼も加わっていました。普通、高校生というと生き物の話はもちろんなのですが、どうしても珍しい魚はどこに行ったら採集できるか？　というところに話題が集中しがちなのです。本来の目的は違うのですが、レッドデータブックによる希少度ランキングがつけられた現在では、ありとあらゆる淡水魚に価格が付けられ、高校生ではとても手の届かないような価格で取引されている魚がいるのです。どうしても入手したければ、そちらの話題にいってしまうのも無理もないことだと思います。しかし、彼との話のやり取りのなかでは全くそんな印象を受けませんでした。話が深まっていくうちに彼の質問が純粋に淡水魚の地域変異という点への興味だけに絞られていることにも気づきました。ですから、魚種を絞る必要もないですし、淡水魚すべてが興味の対象だったのです。現在は情報化社会ということもあって、すぐに情報に頼る人が多いことも否めません。特に私が普段接している中学生や高校生にもそのような生徒が多いのも事実です。早く結論に達することが重視される情報化社会で生き抜くには適切な判断かもしれませんが、新たな発見を目的とする研究の世界ではその姿勢はあまり歓迎できません。流れている情報はすでに解明されているからこそ、情報として流れているのです。彼の場合、自分の興味を自分の力で解決しようとする姿勢も強く印象に残った点でした。もし会場で、いきなり「〇〇の生息地に連れて行ってください」という言葉が最初に出たとしたら、おそらく、この本はなかったのではないでしょうか。僕が彼に関東の魚を送ったのも、富永君の姿勢を見て、実物を見せてあげたいと思ったからで、彼に頼まれたものではありませんでした。その後のやり取りの中でも、彼は最後まで、頼る言葉を口にはしませんでした。関東の魚を見に来ると決断したのも彼、本人ですし、相談されたことはただ一つ、電車の駅から近いフィールドを紹介して欲しいということだけでした。その時にも魚種の指定もありませんでしたし、一緒に行って欲しいという要請もありませんでした。ここで富永君の淡水魚に対する興味は本物だと確信しました。私自身も大学に入るまでは、全く自分の行動力だけで淡水魚と接してきました。むしろ情報に頼らずに自分で観察地を決め、電車で訪ねては採集、観察を続けてきました。自分で見つけるということが最大の楽しみでした。当然、目的にたどり着くまでに回り道も多いのですが、回り道が大きな発見につながることも少なくないことも知りました。今も交通手段に車が加わったぐらいでその姿勢は変化していません。彼の文章中にも出てきますが、「採れない」ということは目的の魚がいないフィールドをひとつ見たことになるわけですから、それはそれできちんと意味のあるものだと思っています。最近、テレビなどでの解説をしている方のなかには、情報だけを頼りに目的の生物がいるフィールドを見て歩いて、そこで思ったこと、感じたことだけを述べている方も見受けられます。しかし、目的の魚が生息しないフィールドをたくさん見てこそ、目的の生物の生息地との比較で真の生息条件が浮かび上がってくると思うのは私だけでしょうか？

その一方で、高校生が電車だけで行動するにはあまりにも関東平野は広いのです。まして関西よりも淡水魚相が貧相なので、三、四種類の魚しか見られずに帰ることになることは、過去の経験から明白でした。私自身も、最近はさまざまな面で多くの先輩方に手を貸していただいていることもあって、彼のことを黙ってみていることが出来なくなりました。気づいたら、僕のほうから「関東の淡水魚を一日でできるだけ多く見せてあげる」と言っていたというのが正しいところです。こうして、彼との淡水魚観察ツアーが始まりました。詳しいことは本文を見ていただくとして、初対面の魚を手にした彼の目はとても輝いていました。その姿には自分が高校生だった頃、未知の魚たちをフィールドで手にしたときの姿がダブって見えた気がしました。これまで三回ほど地域を変えて彼と遠征に行きましたが、生物を見分ける上で非常に良い目をしていると思います。変異というのは、図鑑などで表示される標準和名よりもさらに細かな違いを指します。私たちの暮らしの中ではペットの品種という形で認識することが出来ます。たとえば錦鯉には様々な色彩が知られていますが、すべて同一種の中の変異を人為的に固定したものです。変異のなかには個体変異があります。個体変異というのは人々の顔が少しずつ違っているように、個体ごとにわずかな違いがあることを言います。個体変異があるからこそ、我々は個体識別が出来るのです。さらに特定の地域に生息する個体群に共通する特徴があった場合、その特徴を持つ個体群に対して地域変異が見られるという言い方をすることになります。言葉で書くと分かりづらいのですが、たとえば、○○地方に棲む○○は鰓蓋の赤い線が太いとかといった特徴です。これらの違いは遺伝的な違いを反映している場合もあり、新種の発見などにつながっていく場合もあるのです。比較的顕著に現れる特徴は言われれば、誰でも気づきますが、ほんの僅かな違いは沢山の個体を見慣れた人でないとなかなか見抜くことは出来ないのですが、彼はそれまでの飼育経験もあって、かなり的確に地域変異を見抜いていると思いますし、これからも多くの発見が期待できると思います。彼の言葉にもあるように淡水魚は同じ名前で呼ばれていながら、ある地域に生息するある種の魚は、その地域特有のものであり、他の地域の同種と互換性のない、貴重なものであるということになるのです。ところが、現在、淡水魚がおかれている状況は都市近郊を中心に厳しい状態に置かれています。このように書くと都市近郊=水質汚染と思い浮かぶ方が多くいらっしゃると思いますが、実はそれだけではないのです。たとえば、水質はそのままであったとしても河川の流量が減れば、底床や流速に変化が出て、やがて魚は減少するのです。たとえ減少はしなくても魚種の交代がおこなわれる場合がほとんどです。最近は貴重とか希少という言葉だけが独り歩きしている面も見られ、それを見た人が善意のつもりで放流した魚が、在来の魚類に影響を及ぼしている場合もあるのです。もちろん、害があるとわかっていても、自分の満足のために放流してしまうことも生息地の近くに人間がいてこそなのです。しかし、そのような様々な現象がきちんと理解されているかといえば、残念ながらそうではないように思います。これらを正確に把握する第一歩としては記録が欠かせません。採集=乱獲と思われている節もあるのですが、きちんとした公的な調査が支流の隅々までおこなわれているかといえばそうではありません。実際に採集してみれば分かりますが、手元からこぼれた魚を再び自分の網に捕らえることさえ、極めて難しいことなのです。言い換えれば、個人の手で川を滅ぼしたり、魚を採り尽くすことなど決してできることではないのです。

たしかに希少魚種だけを狙った淡水魚採集業者やマニアがいることは否定しませんが、淡水魚採集業者も漁師の一型と考えるならば、漁獲によって生息地を壊滅させることが不可能なことはすぐに分かると思います。その前の段階――なぜ希少といわれるまでに減ったのか――を考えずに結論は出てこないのです。また、減り続けている魚は採らなくても減っていくことは実際に観察を続ければ分かることです。

ならば、今日、魚を激減させている原因を探るには自分が川の中に立って、魚の視点からものを考えなくてはならないのです。ただ単に魚を飼育し、消費することでも得るものは必ずあるので悪いことだとは思いませんが、どうせなら記録をつけていったほうがあとに残ります。正確な情報は論文を読むことが一番良いのですが、初めての場合は入手を含めて、なかなか難しいと感じられる方も多いと思います。この本では観察の要点がよくまとまっているので、楽しく読めて、得られる情報も多くあるのではないでしょうか。この本は彼が淡水魚の世界に足を踏み入れた最初の記念の本だと思います。まだまだここが始まりで、これからも多くの成果を残してくれると信じています。

科	属	種	写真
ギギ科	ギギ属	ギギ	○
		ギバチ	○
ナマズ科	ナマズ属	ナマズ	○
メダカ科	メダカ属	メダカ	○
ボラ科	ボラ属	ボラ	○
	メナダ属	メナダ	○
タイワンドジョウ科	タイワンドジョウ属	カムルチー	○
バス科	オオクチバス属	オオクチバス	○
	ブルーギル属	ブルーギル	○
シマイサキ科	コトヒキ属	シマイサキ	○
ハゼ科	カワアナゴ属	カワアナゴ	○
	ドンコ属	ドンコ	○
	ヨシノボリ属	ゴクラクハゼ	○
		シマヨシノボリ	○
		クロヨシノボリ	○
		オオヨシノボリ	○
		ルリヨシノボリ	○
		トウヨシノボリ	○
		カワヨシノボリ	○
	チチブ属	ヌマチチブ	○
	ウキゴリ属	ジュズカケハゼ	○
		ウキゴリ	○
		シマウキゴリ	○
		スミウキゴリ	○
	マハゼ属	マハゼ	○
	ミミズハゼ属	ミミズハゼ	○
	ボウズハゼ属	ボウズハゼ	○
カジカ科	カジカ属	アユカケ	○
		カジカ中卵型	○

計　15 科 42 属 70 種

著者近影

著者略歴

富永浩史（とみなが・こうじ）

1984年7月7日　兵庫県芦屋市で生まれる
芦屋市立山手小学校、芦屋市立山手中学校、
関西学院高等部を経て、現在、関西学院大学
理工学部生命科学科に在籍中。
淡水魚の採集・飼育のほか、テニス、バドミントン、アコースティックギター、旅行など多彩な趣味を楽しむ。

監修者略歴

渡辺昌和（わたなべ・まさかず）

1965年福島県郡山市生まれ。東京水産大学卒業。
現在、東京都文京区にある私立京華中学・高等学校理科教諭。
幼少より生物が好きで飼育を楽しむ。特に淡水魚類に興味を持ち、日本全国の生息地を訪ね、観察採集を行い、写真で記録する活動を続けている。

日本の淡水魚を訪ねて　――川と魚をよむ

2004年7月7日初版第一刷発行

著　者　富永浩史
発行者　山本栄一
発行所　関西学院大学出版会
所在地　〒662-0891　兵庫県西宮市上ケ原一番町1-155
電　話　0798-53-5233

印　刷　大和出版印刷株式会社

Printed in Japan by Kwansei Gakuin University Press
ISBN 4-907654-63-4
乱丁・落丁本はお取り替えいたします。
http://www.kwansei.ac.jp/press

淡水魚写真集

〔撮影〕　富永浩史

この写真集では、出会った淡水魚を、簡単な解説と主にデジタルカメラとアクリルケースを使って撮影した写真とで紹介しています。写真については、現地で撮影できた場合はその写真を、現地で撮影できていない種類で、持ち帰って飼育しているものに関しては飼育後の写真を掲載しています（そのため、一部写真のない種類がいます）。また、採集紀行は現在進行形であり、同じ種類の魚で後に撮影したものの方が良く写っている、参考として必要だと感じた、などの理由で本文の期間外のものの写真も含まれています。

【写真下の表記について】

採集地／撮影月（飼育期間）／参考の大きさ

☆採集地…写真の魚の採集府県を示します。
☆撮影年月…写真を撮影した年・月を示します。
☆飼育期間…飼育後の撮影の場合は飼育期間を示します。現地での撮影の場合は「現地」と入力されています。
☆参考の大きさ…撮影個体の全長を撮影者の目測で示します。正確な大きさではなく、あくまで参考の大きさです。
☆撮影個体の雌雄が判別できた場合は、「♂」、「♀」、撮影個体が成魚でない場合は「幼魚」などと入力されている場合があります。

【参考資料】

川那部浩哉・水野信彦編（1989）『山渓カラー名鑑　日本の淡水魚』山と渓谷社。
桜井淳史・渡辺昌和共著（1998）『淡水魚ガイドブック』永岡書店。
森文俊・内山りゅう著（1997）『山渓フィールドブックス⑮　淡水魚』山と渓谷社。

スナヤツメ（ヤツメウナギ科ヤツメウナギ属）

日本各地に分布する。無顎類に分類され、その名の通り顎が無く脊椎動物の中で最も原始的なグループとされる。その形態は一般的な「魚」である硬骨魚類とは全くの別系統で、その意味では「魚」ではないと言えるかもしれない。鰓孔が7つあり、それを目に見立てて「八つ目」と呼ばれる。写真はアンモシーテスと呼ばれる幼生期のもので、目が無く、泥や砂に潜って生活している。

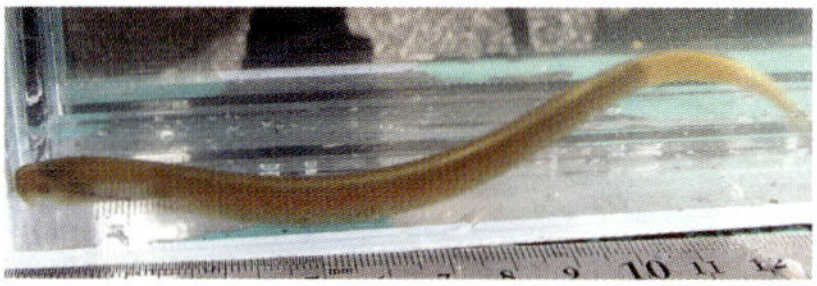

新潟県／2002.8（現地）／15cm
アンモシーテス

ウナギ（ウナギ科ウナギ属）

日本各地に分布し、食用としてとてもポピュラーな魚である。しかし、その産卵生態は未だに、完全には解明されていない。

兵庫県／2003．8（現地）／60cm

ワカサギ（キュウリウオ科ワカサギ属）

利根川、島根県以北の本州と北海道に自然分布するが、釣魚、食用として人気が高い魚で、各地に放流されている。写真は産卵後のものと思われ、すごく痩せている。

滋賀県／2003.3（現地）／10cm

アユ（キュウリウオ科アユ属）

釣魚として人気が高く、味も良いため全国各地に放流されている。しかしそれが、アユの地域性を失わせたり、アユに他の魚が混じって移入されるなどの問題も多い。

新潟県／2002.8（現地）／20cm

ヤマメ（サケ科サケ属）

河川残留型をヤマメ、降海型をサクラマスという。成魚になるとヤマメは30cm、サクラマスは60cmになる。ヤマメは川の上流域に生息する。近縁種にアマゴがいるが、そちらには体に朱色の斑点がある。本来、ヤマメとアマゴの分布域は重ならなかったが、釣り目的の無差別放流によって分布域が乱され、

両者が交雑してしまうという問題が起こっている。

幼魚　長野県／2002.8（現地）／8cm

ヌマムツ（コイ科オイカワ属）

本来は静岡県以西に分布するが、移殖によって関東地方などでも見られる。オスの婚姻色がとても美しい。かつては、カワムツA型と呼ばれていた。尻びれと尾びれが黄色く、他のひれは透明で前縁が赤い。カワムツに比べると顔が尖り気味で鱗が細かい。写真の埼玉県のものは幼魚から育てたもので、野外で採集した成魚（写真の滋賀県のもの）と比べると体型に乱れが生じてしまっている。水槽飼育では手軽に魚の生態を観察できるが、一方で限界もあり、野外での観察と水槽飼育での観察のどちらもが必要だと思っている。

♂　埼玉県／2003.7（18ヶ月）／11cm

♀　埼玉県／2003.7（18ヶ月）／12cm

♂　滋賀県／2003.8（現地）／18cm

♀　滋賀県／2003.8（現地）／17cm

カワムツ（コイ科オイカワ属）

本来は静岡県以西に分布する関西の魚だが、最近は関東地方でも増えている模様。全てのひれが黄色く、背びれの前縁のみが赤い。ヌマムツに比べると顔が丸く、鱗が粗い。かつては、カワムツB型と呼ばれていた。障害物に沿って突進するように逃げる性質があ

り、それを利用すると簡単に採集することができる。兵庫県の阪神地区の川ではオイカワと並んでとても一般的である。写真の個体ではあまり出ていないが、赤い婚姻色が美しい魚だ。

♂　兵庫県／2002.8（現地）／15cm

♀　兵庫県／2003.7（現地）／12cm

オイカワ（コイ科オイカワ属）

全国的に分布している（移植も一因）。オスの婚姻色の派手さは日本産淡水魚の中でもNo.1と言える。比較的水質の汚染に強いが、酸欠にはとても弱い。兵庫県の阪神地区の川でもとても一般的である。婚姻色が出た個体は全体の数から見ると少なく、他の個体はメスか未成魚と思われがちだが、産卵期にも婚姻色が出ていないオスと思われる成魚がかなりいるようである。２つ目の写真がその個体で、メスとは尻びれの長さと形状が異なり、輸卵管が出ていない。はっきり確認はしていないが、調べてみるととてもおもしろそうだ。また、４つ目の写真はオイカワとカワムツの交雑個体と思われ、見事に両者の特徴が混ざり合っている。

♂　兵庫県／2003.8（現地）／14cm

♂　兵庫県／2003.8（現地）／13cm

♀　兵庫県／2003.8（現地）／13cm

滋賀県／2003.8（現地）／17cm
オイカワとカワムツの自然交雑個体

ウグイ（コイ科ウグイ属）

瀬戸内海周辺地域ではほとんど見かけないが､関東や信越地方などではごく一般的な魚。一部は降海する。成魚は30cmを越えるが、幼魚から水槽で飼育すると小型のまま成熟して婚姻色が現れる。

埼玉県／2003.8（18ヶ月）／10cm

マルタ（コイ科ウグイ属）

東京湾、富山以北の本州と北海道に分布する。婚姻色が出ていないとき、特に幼魚は慣れないとウグイとの区別が難しい。成魚になると50cmを超える。

幼魚　　山形県／2003.8（12ヶ月）／9cm

アブラハヤ（コイ科アブラハヤ属）

青森県から日本海側は福井県、太平洋側は岡山県までの本州各地に分布する。よく似た種類にタカハヤがいて、しばしば区別が困難である。

静岡県／2003.3（現地）／8cm

ワタカ（コイ科ワタカ属）

琵琶湖固有種であるが、移殖により各地に分布している。特徴的な体型や大きな目、銀白色に輝く姿は日本の淡水魚の中でも異端的である。スレにとても弱く、大きな個体であっても、少しでも傷つくとすぐに弱って横になってしまう。

岡山県／2004.1／15cm

タモロコ（コイ科タモロコ属）

現在では移殖などにより全国各地で見られる。生息環境によって体型に変異があり、一般に河川に生息するものは太短く、湖や池など止水域に生息するものは細長く河川のものに比べて口が上を向く傾向があるという。1つ目の写真の個体は岡山県産で、河川から引いた用水路で釣れたものだが、タモロコにしてはスマートで口もやや上を向いている。琵琶湖には近縁の固有種ホンモロコが分布し、おもしろいことに、同所的に生息するタモロコは、止水域なのにも関わらず顕著に太短い体型をしているという。2つ目の写真の個体が琵琶湖に流入する用水路で採集したもので、確かに太短い。3つ目の写真の個体は兵庫県の河川産で、滋賀県産に比べるとやや体型が細長い。4つ目の写真の個体は静岡県産で、全体に黄色っぽい金色をしており、体の中央を走る縦条が不鮮明で、かわりにその上下を走る黄色味が強い金色の線が目立つ。し

かし、これは野外でのみ顕著なようで、水槽でしばらく飼育するとその特徴はほとんど見られなくなってしまった。

岡山県／ 2002.10（現地）／ 8cm

滋賀県／ 2003.3（現地）／ 7cm

兵庫県／ 2003.3（現地）／ 7cm

静岡県／ 2003.3（現地）／ 9cm

コウライモロコ（コイ科スゴモロコ属）

濃尾平野から山陽地方までの本州と四国の一部に分布する。琵琶湖には固有亜種であるスゴモロコが分布する。スゴモロコに比べてコウライモロコは吻が丸くて体型が太短く、ひげが長い。1つ目の写真の個体は岡山県産で、用水路で釣れたものだが、コウライモロコにしては体型がやや細長い気がする。宇治川・淀川に生息するものは両種の中間型と言われているが、ここではコウライモロコとして紹介する。2つ目の写真の個体がそれである。3つ目の写真は小さな個体だが、顔だけを見ればスゴモロコのようである。しかし、渡辺先生に尋ねたところ、現時点の分類ではコウライモロコとしてよいということであった。図鑑などに載っている典型的なスゴモロコと比べると、確かに体型が異なる。見れば見るほど分からなくなる魚だ。

岡山県／ 2002.10（現地）／ 10cm

京都府／ 2003.9（現地）／ 9cm

兵庫県／ 2003.3（現地）／ 6cm

イトモロコ（コイ科スゴモロコ属）

濃尾平野以西に分布する。日本産のスゴモロコ属のなかで最も小型。体型が特徴的なため、区別の難しいスゴモロコ類の中でも、他のスゴモロコ類と区別しやすい。また、飼育もスゴモロコ類の中では簡単な方である。

兵庫県／ 2003.1（現地）／ 6cm

ムギツク（コイ科ムギツク属）

黒い一本筋がとても特徴的な魚。小さな個体ほど模様がはっきりしていて、ひれも明るいオレンジ色で美しい。本来は近畿以西に分布するが、近年、移植により関東地方の一部で大繁殖しているという。卵を守る性質があるドンコやオヤニラミの巣に突入して産卵し、自分の卵を守らせる、托卵という特異な繁殖生態を持っている。警戒心が強く、人が川に入るとすぐに石の間に隠れてしまう。それを逆に利用して、姿を注意深く見ながら隠れた石の下に手を入れて、手づかみすることもできる。

若魚　兵庫県／ 2003.10（現地）／ 6cm

兵庫県／ 2002.8（現地）／ 10cm

モツゴ（コイ科モツゴ属）

全国的に分布する一般的な魚。体の黒い線ははっきりしている場合とそうでない場合がある。川の下流域や池など流れの緩い場所で見かける場合が多いが、カワムツなどと共に流れのある中流域で見かけたこともあった。産卵期のオスは体色が真っ黒になり、卵を守る。環境の悪化に強く、とても汚れた川でも見られる。

京都府／ 2003.9（現地）／ 9cm

シナイモツゴ（コイ科モツゴ属）

関東から東北地方まで広く分布していたが、モツゴの移入（本文参照）や生息地の破壊などによって分布域がとても限られてきている。モツゴに比べて体が太短く、体色は茶色味が強い。また、モツゴの側線は完全（えらの後から尾びれの付け根まで続いていること）だが、シナイモツゴでは不完全である。本種もモツゴと同様、産卵期のオスは真っ黒になり、卵を守る。

山形県／ 2003.8（12 ヶ月）／ 6cm

カワヒガイ（コイ科ヒガイ属）

濃尾平野以西の川に分布し、黄色いひれなど体色が特徴的で美しい魚。産卵期にメスには産卵管が伸びて、それをドブガイなどの二枚貝の入水管に差し込んで産卵する（タナゴと違って岩の割れ目なども利用するそうだ）。オスは目が赤く、産卵期には頬を中心に美しい婚姻色を発する。

♂　兵庫県／ 2002.8（現地）／ 11cm

♀　兵庫県／ 2002.8（現地）／ 12cm

ビワヒガイ（コイ科ヒガイ属）

本来は琵琶湖のみに分布するが、近年は全国各地に広まっている。産卵生態はカワヒガイと同じ。カワヒガイより大型になり（20cm 以上）、吻が長いことから区別される。

♂　新潟県／ 2002.9（1 ヶ月）／ 9cm

♀　新潟県／ 2002.9（1 ヶ月）／ 8cm

カマツカ（コイ科カマツカ属）

典型的な底性魚で、全国的に分布している。地域によって形態などに変異があるようで、各地で見るたびに少しずつ違いがあって興味深い。同じ場所で採れるものでも、両者をきちんと分けることができるほど変異がある場合があり、これから、調べていきたいと思う。砂底もしくは砂礫底を好み、よく砂に潜る。全長 30cm ほどになる。

兵庫県／ 2003.7（現地）／ 12cm

幼魚　京都府／ 2003.8（現地）／ 6cm

幼魚　京都府／ 2003.8（現地）／ 6cm

兵庫県／ 2003.6 ／ 20cm
コンパクトカメラで撮影

上から見た様子。川底の色に溶け込む体色をしている。

ズナガニゴイ（コイ科ニゴイ属）

近畿地方以西に分布する。名前の通りニゴイに比べて頭が長い。よく砂に潜るが、カマツカのように常に底にいるのではなく、腹を底につけないで底近くを泳ぐ。複雑な模様と、写真では見えづらいが金色の線が美しい魚である。メスはオスに比べて尻びれが長い。

♂　兵庫県／ 2002.8（現地）／ 11cm

♀　兵庫県／ 2002.8（現地）／ 12cm

ニゴイ（コイ科ニゴイ属）

全国的に分布するが、関西以西には近縁のコウライニゴイも分布する。環境の悪化に強く、在来種の中でも近年増加している種類である。

長野県／ 2002.8（現地）／ 40cm

コイ（コイ科コイ属）

古くから人との関わりが深い魚で、今となっては自然分布域は不明であり、全国各地に分布する。改良品種の錦鯉は鑑賞用として世界的に有名である。キャンペーンなどでよく川に放流されるが、コイばかりがたくさん見える川は明らかに不自然である上に（錦鯉の場合はなおさら）、コイは大型で柔軟な雑食性の魚であり、在来の主に小型魚や植生に与える悪影響も大きい。あまり問題にはされていないが、再考が必要な問題である。写真のコイは、冬で動きが鈍っているところを網で捕まえたもの。

兵庫県／ 2003.1（現地）／ 60cm

キンブナ（コイ科フナ属）

関東地方以北の太平洋側に分布し、成魚でも 15cm ほどと日本産のフナ類の中で最も小さい。名前の通り体色が金色で、一般的にギンブナより体高が低く、頭が丸い。背びれの軟条（…ひれの条のうち、やわらかいもの⇔棘条…硬く先端が尖っているもの）数が 12 本前後と少ないため、背びれの基底が短く見える。写真の個体の背びれの軟条数は 13 本。

栃木県／ 2002.10（6 ヶ月）／ 7cm

＊参考

埼玉県／ 2002.10（7 ヶ月）／ 10cm

渡辺先生に送っていただいたキンブナ。かなりやせているが、到着時からこの状態のままである。背びれの軟条数は 12 本。

ギンブナ（コイ科フナ属）

日本全国に分布する一般種。だが、地域により体色や体型に変異が多い。背びれの軟条数は 17 本前後で、キンブナに比べると多く、背びれの基底は長い。1つ目の写真の個体は、やや体高があり銀白色をしていてまさにギンブナと呼べるような個体である。2つ目の写真の個体はやや金色がかかった銀色をしているが、同所で採れる幼魚や若魚は銀白色をしていて、大きくなるとやや体色が変化するようである。3つ目の写真の個体は、体高が高いのはギンブナらしいが、体色はかなり金色がかっている。4つ目の写真の個体は、体色・体型を見るとキンブナである。しかし背びれの軟条数は 16 本で、現在の分類ではギンブナに検索される。この個体は埼玉県産だが、関東地方にはまさにギンブナと呼べる銀色をしたフナがいるそうで、それとはまた別系統のフナであると考えられる。5つ目の写真の個体は滋賀県産で、この個体も体高が低く、ギンブナとは呼べないような金色の強い体色をしている。背びれの軟条数は 14 本ほどでかなり少ない。滋賀県にもギンブナと呼べるフナが存在し、琵琶湖に棲む他のフナ類であるニゴロブナやゲンゴロウブナとも異なり、やはり別系統のフナであると考えられる。フナ類の判別には本当に苦労を要し、混乱してしまうが､各地のフナを見比べていくうちに、逆にフナ類にとても興味が湧いてきている。3倍体（染色体数が通常の 1.5 倍）で、他の魚の精子で卵が発生し、メスだけで繁殖できる（他の魚の精子でもちゃんとギンブナが生まれてくる。ただし、その場合メスのみが生まれてきて、自分のクローンを作っていることになる）。そのためか、オスがほとんどいない地域もある。

兵庫県／ 2003.3（現地）／ 8cm

京都府／ 2003.9（現地）／ 20cm

長野県／ 2002.8（現地）／ 15cm

埼玉県／ 2002.10（6ヶ月）／ 11cm
フナの一種

滋賀県／ 2003.3（現地）／ 10cm
フナの一種

ヤリタナゴ（コイ科アブラボテ属）

最も分布域の広い在来のタナゴで、 北海道を除く全国各地に分布する。 タナゴの仲間は全ての種類が、 産卵期のメスに産卵管と呼ばれる管が伸び、 イシガイやドブガイといった生きた二枚貝に卵を産みつける。 産卵管は出水管に挿入され、 オスは入水管付近に放精して卵は貝の中で受精する。 この産卵行動は水槽でも観察でき、 産卵前のオスの縄張り行動やディスプレイ、 オスとメスとの駆け引き、 産卵の瞬間などは見ていてとてもおもしろい。 オスはヤリタナゴの場合、 春の産卵期に、 背びれと尻びれの縁は赤、 おなかが黒、 体はピンク色～青緑色のグラデーションがかかるとても美しい婚姻色を発する。 滋賀県の一部のヤリタナゴは黒点状の寄生虫が抜け落ちた後の鱗が、 乱反射して光るものがある（銀鱗…本文参照）。 地域によって体型やオスの婚姻色が少しずつ異なっており、 とても興味深い。

♂　岡山県／ 2002.10（現地）／ 8cm

♀　岡山県／ 2002.10（現地）／ 8cm

♂　滋賀県／ 2003.3（現地）／ 7cm

♀　滋賀県／ 2003.3（現地）／ 6cm

♂　新潟県／ 2004． 4（19ヶ月）／ 7cm

♀　新潟県／ 2002.8（現地）／ 8cm

アブラボテ（コイ科アブラボテ属）

濃尾平野以西に分布するタナゴの仲間で、名前の通り、「重油色」と言えるような体色が特徴的である。産卵期には、オスは言葉にしにくいような渋い美しさの婚姻色に染まる（1つ目の写真）。その婚姻色も地域によって微妙に異なるようでおもしろい。婚姻色はふつう産卵期に著しいが、飼育しているとアブラボテは1年中婚姻色が出ている感がある。僕が採集した兵庫県のものは黄色味が強い婚姻色が特徴的で、今までに見たことがあるアブラボテの中でも最も気に入っている。

♂　兵庫県／2003.7（現地）／7cm

♂　兵庫県／2002.10（3ヶ月）／5cm

♀　兵庫県／2002.10（3ヶ月）／4cm

岡山県／2002.10（現地）／4cm

タイリクバラタナゴ（コイ科バラタナゴ属）

中国大陸原産の外来のタナゴで、現在は日本全国に広まっている。在来の亜種（違いは見られるが、種までは分化を遂げていないもの）にニッポンバラタナゴがいるが、このタイリクバラタナゴとの交雑によって純系のニッポンバラタナゴが絶滅状態になっているようである。淀んで水が濁ったような場所で見かけることが多い。繁殖力が強い（二枚貝の選択性が柔軟に富み、産卵期が春から秋まで続く）ため優占種となりやすく、在来のタナゴに影響を与えている。婚姻色は「薔薇」と言われるだけあって美しい。写真の個体はベランダに設置した水槽で飼育していたものを、すくった直後に撮影したもので、野外で採集した時に近い色が出ている。屋内ではまずこのような色は出ない。屋外に水槽を放置しておくと、水は植物プランクトンによって時期により緑色や茶色に濁り、タイリクバラタナゴに適した環境になるようだ。フィルターは使用せず、完全な止水環境になっている。二枚貝を入れておくと自然繁殖をして、現在、数十匹の稚魚が泳いでいる。メスの産卵管はとても長く、尾びれを越える。

♂　岡山県／2003.8（16ヶ月）／6cm

♀　岡山県／2003.8（16ヶ月）／5cm

カネヒラ（コイ科タナゴ属）

濃尾平野以西に分布するが、近年、茨城県霞ヶ浦などでも移植によって繁殖している。日本産のタナゴ類の中で最も大きくなり、最大15cmほどになる。産卵期は秋で、オスは背びれ、腹びれ、尻びれがピンク色に染まって伸長し、体はピンク色と青緑色のグラデーションがかかった派手な婚姻色が現れる。体の大きさに反してメスの産卵管は短く、秋に卵が二枚貝に産み込まれて、翌年の春に稚魚が貝から出てくる。草食性が強く、水槽で飼うと水草がすぐに丸坊主になる。地域に生息環境よって、体型や婚姻色に差異が見られる。

♂　岡山県／2002.10（現地）／11cm

♂　兵庫県／2002.8（現地）／8cm

♂　京都府／2002.9（13ヶ月）／10cm

♀　京都府／2002.9（13ヶ月）／9cm

♂　滋賀県／2003.10（現地）／7cm

♀　滋賀県／2003.10（現地）／7cm

シロヒレタビラ（コイ科タナゴ属）

濃尾平野～山陽地方に分布するタビラの1型で、春の産卵期には、オスの腹びれと尻びれ（地域によって背びれも）の縁が真っ白に染まるのが特徴。白の内側は真っ黒となり、体は青味がかかる婚姻色が美しく、かつとてもさわやかな印象を受け、僕が最も好きなタナゴである。写真の岡山県産の個体は非繁殖期のものだが、オスは産卵期には白くなるひれの部分がピンク色をしている。写真の兵庫県産の個体は体高が低く、岡山県産のシロヒレタビラとはかなり印象が異なる。

♂　岡山県／2002.10（現地）／7cm

♀　岡山県／2002.10（現地）／7cm

♂　兵庫県／2004.3（現地）／6cm

♀　兵庫県／2003.1（現地）／6cm

アカヒレタビラ（コイ科タナゴ属）

太平洋側では関東以北、日本海側では島根県以北に分布するタビラの１型で、名前の通り春の産卵期にはオスの背びれ、尻びれの縁が赤く染まる。しかしながら、これにも地域によって変異があり、最高潮の時には白く染まるものもいる。栃木県のものは始めは白く、徐々に赤くなっていき、最高潮の時には目も覚めるような赤いひれとグリーンの婚姻色となる。

♂　栃木県／2002.9（6ヶ月）／6cm

♀　栃木県／2002.9（6ヶ月）／6cm

＊参考

♂　茨城県／2002.10（7ヶ月）／7cm

♀　茨城県／2002.10（7ヶ月）／6cm

渡辺先生に送っていただいたもの。栃木県のものとは基調色が異なる気がする。オスの婚姻色はまず、ひれが薄く赤く色づいてきて濃くなっていき、最高潮の時には赤いひれの先端が白っぽくなるようだ。また、見た目の感じではメスがかなり違う。例えば、栃木県産のメスは、尻びれが白く縁取られているが、茨城県産のメスは縁取られない。

ドジョウ（ドジョウ科ドジョウ属）

日本全国に分布する一般種。地域、場所によって、体色、体型等の変異が大きく、泥っぽいところから清流まで様々な環境で生息していて驚かされる。大きさも地域や場所によって差があるようで、大きなものは20cmに達することもあるようだ。オス成魚の胸びれは長く尖り、雌雄の判別点である。口ひげは５対。

兵庫県／2002.9（現地）／6cm

＊参考

♀　京都府／ 10 月（13 ヶ月）／ 13cm

カラドジョウ

近年、食用としての需要から中国よりドジョウが輸入されている。その中に日本のものと別種のカラドジョウが含まれていて、逃げ出したものあるいは釣り餌として使われて余って捨てられたものが、一部地域で定着しているようである。ドジョウに比べて、背びれから尾びれの付け根にかけての体高が高く、ひげが長いなどの特徴がある。雌雄の判別点はドジョウと同様。口ひげは 5 対。

スジシマドジョウ小型種山陽型

（ドジョウ科シマドジョウ属）

スジシマドジョウには小型種、中型種、大型種の 3 種があり、小型種山陽型は山陽地方に分布する小型種の 1 型である。中型種より小型（最大で 6cm ほど）で体が短く、模様が縦条ではなく、点列になっている場合が多い（産卵期のオスは縦条になる）、尾びれの模様が、薄く縁取られて中央部分は点が散らばっているような模様になっていることが多い、体型がやや太短いなどの判別点がある。同じ場所で採集された個体間でも、模様の変異は大きい。口ひげは 3 対。スジシマドジョウ類の場合、オスとメスは胸びれで見分けることができ、大きく先が尖り気味で、付け根に丸い骨質版があるのがオス、そうでないのがメスである。かわいらしいドジョウである。

♂　岡山県／ 2002.10（6 ヶ月）／ 5cm

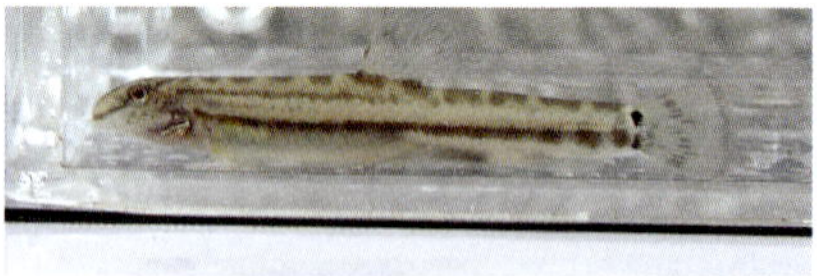

♂　岡山県／ 2003.8（16 ヶ月）／ 5cm

♀　岡山県／ 2003.7（15 ヶ月）／ 6cm

スジシマドジョウ小型種東海型

（ドジョウ科シマドジョウ属）

東海地方に分布する小型種の一型である。小型種山陽型とよく似ており、より小型で体型が筒詰まりのような印象がある。本種も普段は点列の模様で、産卵期のオスのみ、縦条に変化するようだ。ただし、それも個体差がある。

♂　愛知県／ 2003.7（3 ヶ月）／ 4.5cm

♂　　愛知県／ 2003.8（4 ヶ月）／ 5cm

♀　　愛知県／ 2003.8（4 ヶ月）／ 4cm

スジシマドジョウ中型種
（ドジョウ科シマドジョウ属）

本州と四国の瀬戸内海側に分布する。体の模様はほとんどの場合きれいな縦条で、尾びれの模様は太い同心円が 2 〜 3 列という特徴がある。口ひげは 3 対。大きいものでは 10cm ほどになる。2 つの写真のうち、下の方の個体は中型種と思われるが模様が細かい個体。

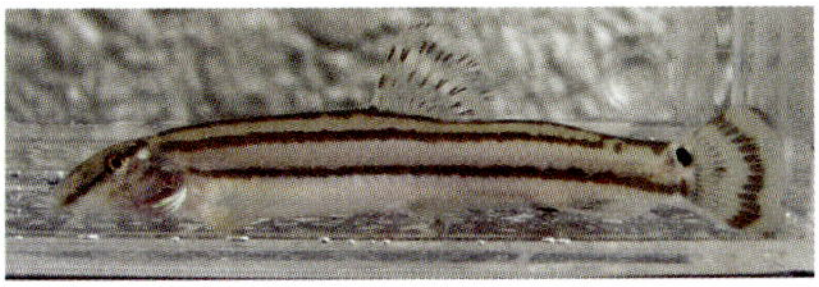

♂　　岡山県／ 2003.8（14 ヶ月）／ 7cm

♂　　岡山県／ 2003.8（14 ヶ月）／ 7cm

シマドジョウ（ドジョウ科シマドジョウ属）

九州など一部地域を除いた日本各地に分布する。模様のバリエーションがとても豊富であり、地域ごとに見比べてみると楽しい。また、最大全長にも地域で差があり、関東地方のものは大きくても 8cm ほどなのに対し、瀬戸内海地方の一部の 4 倍体種族（染色体数が普通の 2 倍）では 15cm に達するものもいるようだ。個人的には関東地方の小型のものがかわいらしくて好きである。口ひげは 3 対。シマドジョウのオスとメスも胸びれで区別でき、第二鰭条が太く、長くなっているのがオス、そうでないのがメスである。埼玉県産のオスの写真 2 枚のうち、1 つ目が典型的な模様の個体、2 つ目が縦条になりかけている個体、また、栃木県産の写真のメスは、採集時にはほぼ完全な縦条であった。長野県産の個体はフラッシュを使っているのでやや色調が変化してしまっているが、模様は関東地方のものよりは兵庫県産に近くて、全長も大きく、関西系のようだ。

♀　　長野県／ 2002.9（1 ヶ月）／ 10cm

♀　　兵庫県／ 2003.8（7 ヶ月）／ 8.5cm

♂ 埼玉県／ 2002.10（6 ヶ月）／ 6cm

♂ 埼玉県／ 2002.10（6 ヶ月）／ 6cm

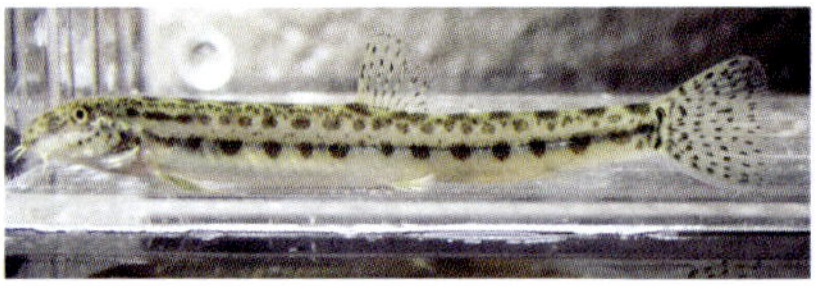

♀ 埼玉県／ 2002.10（6 ヶ月）／ 7cm

♂ 栃木県／ 2003.8（16 ヶ月）／ 6cm

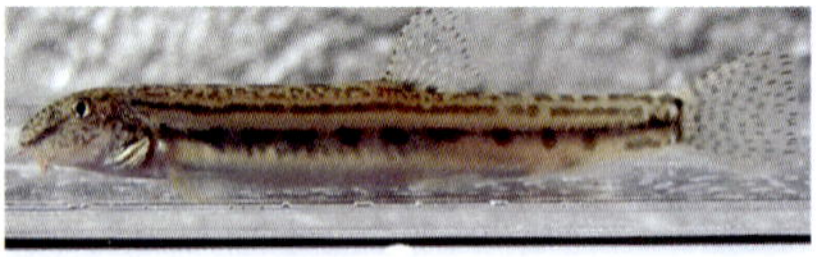

♀ 栃木県／ 2003.8（16 ヶ月）／ 7cm

ホトケドジョウ（ドジョウ科ホトケドジョウ属）

一部地域を除く日本各地に分布する。ホトケドジョウは太短い体型が特徴で、一般的なドジョウの仲間と違ってよく泳ぎ、特に餌の時などは水面付近まで泳ぎ回り、人にもよく慣れてかわいらしい。口ひげは 4 対。湧き水のあるような、もしくは水温の低い水のきれいな場所に棲むようだ。写真の栃木県のものは太短く体にあまり斑点がないが、長野県のものはやや細身で体が長く、黒い斑点が多くて基調色が濃い。

栃木県／ 2002.10（6 ヶ月）／ 5cm

長野県／ 2002.10（1 ヶ月）／ 6cm

ナガレホトケドジョウ
（ドジョウ科ホトケドジョウ属）

中部地方から中国地方にかけての本州太平洋・瀬戸内海側と四国の一部に分布する。ホトケドジョウより体型が細長く、背びれがやや後方にあり、体やひれの黒点の数が少なく目立たない。口ひげは 4 対。本文にあるように、山や森の中の細流という、ホトケドジョウとは異なった環境に生息する。写真は分布域のほぼ東端にあたる個体である。

静岡県／ 2003.3（現地）／ 6cm

ギギ（ギギ科ギギ属）

中部地方以西に分布するが、今回、新潟県でも見られた（移入と思われる）。網ですくって水から上げると、嘘のようだが本当に「ギーギー」と音を出す（胸びれの棘を利用するようだ）。胸びれと背びれの棘は頑丈で、網に引っかかるとやっかいであり、刺されると毒はないもののとても痛いそうだ。ヒゲが生えた顔はユーモラスで、幼魚は特にかわいらしい。若魚～成魚はほとんど真っ黒の体色だが、幼魚は黄色い模様が入る。成魚は 30cm に達する。

若魚　兵庫県／ 2002.8（現地）／ 9cm

幼魚　京都府／ 2003.8（現地）／ 4cm

ギバチ（ギギ科ギギ属）

北陸、関東～東北地方にかけて分布する。ギギとの判別点は、ギギは尾びれ中央が深く切れ込むのに対し、ギバチは切れ込みが浅いことである。九州には近縁のアリアケギバチが生息する。大きいものでは 25cm ほどになるようだ。環境の変化に弱く、ホトケドジョウなどと共に、環境指標にされていることもあるようだ。幼魚はとてもかわいらしく（特に目）、我が家の魚の中でもアイドル的存在だ。

幼魚　栃木県／ 2002.10（6 ヶ月）／ 6cm

ナマズ（ナマズ科ナマズ属）

全国各地に分布し、田んぼの用水路や、かなり汚濁の進んだところにいるかと思えば、清流にも棲んでいたりする。貪欲な肉食性で、捕まえたときは大抵、おなかがパンパンに膨れている。普通、ひげは 2 対だが、稚魚期にはひげが 3 対ある。全長 50cm ほどになる。

幼魚　兵庫県／ 2002.8（現地）／ 12cm

メダカ（メダカ科メダカ属）

全国に分布するが、北日本集団と南日本集団に大別され、南日本集団はさらに複数に型分けされている。写真は分布域から見て南日本集団の東瀬戸内型と思われるが、1999 年に絶滅危惧種に指定されてからは特に、「保護」目的の放流が盛んになったようで、そのものかどうか分からない。実際、メダカの改良品種である、ヒメダカが同時に見られたり、「ほんとにこんなところにメダカがいるのか？」という場所で見られたり（もちろん適応している可能性もあるが）するので、元からその場所に生息していたのかどうか、分からないことも多い。メダカは上から見ると、頭から背びれの前にかけて黒い線が入っていて、「ピュン、ピュン」と独特な泳ぎ方で逃げるのですぐに分かる。他の自分より大きな魚といることはほとんどなく、メダカだけか他の魚の稚魚と泳いでいることが多い。

♂　兵庫県／ 2003.8（現地）／ 3.5cm

♀　兵庫県／ 2003.8（現地）／ 3.5cm

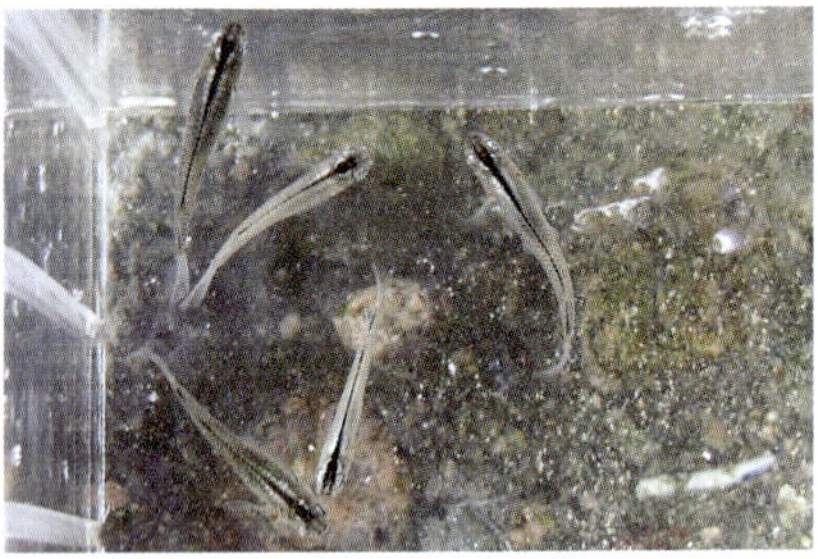

兵庫県／ 2003.8 ／ 3 ～ 4cm

上から見た様子。頭から背びれの前にかけて入る黒線が特徴的で、他の魚との見分けは簡単だ。

ボラ（ボラ科ボラ属）

全国各地に分布する一般種。主に内湾や河口域に生息し、川を遡って純淡水域に侵入するものもいる。とても敏捷で、追い込んだと思っても軽くジャンプして網をくぐり抜ける。近くの川では、サイズごとに季節に伴っての移動が観察できる。

幼魚　兵庫県／ 2003.8（現地）／ 8cm

メナダ（ボラ科メナダ属）

日本各地に分布する。ボラに似ていて、渡辺先生にご指摘いただくまでボラと思い込んでいたが、よく見るとボラと違って脂瞼（目の周囲や表面を覆う、厚く透明な膜）が未発達で、虹彩がオレンジ色をしており、体型も異なっている。また、ボラより大型で1mに達する。

兵庫県／2002．9（現地）／50cm

カムルチー
（タイワンドジョウ科タイワンドジョウ属）

朝鮮半島・中国などアジア大陸東部原産の外来魚である。大変貪欲な性質で、魚をはじめカエル、ザリガニなどを食べる。オオクチバスと同様、日本の生態系に悪影響を与えると心配されたが、原産地が日本と近く生態系も似通っているためか、現在では日本に溶け込んでいるかのように見え、逆にオオクチバスやブルーギルの増加の影響で減少しているらしい。かなりグロテスクで捕まえた時は驚いた。大きなものは1mほどになる。

兵庫県／2002.1（現地）／40cm

オオクチバス（バス科オオクチバス属）

北米産の肉食性外来魚で、1925年に神奈川県芦ノ湖へ持ち出し禁止の条件のもと移入されたが、密放流が行なわれ、現在は過去のバス釣りブームのあおりで日本全国に広まっている。ブラックバスはバスの仲間の総称で、日本ではこのオオクチバスと、最近、動向が注目されている冷水性のコクチバスのことを指す。各地で在来生物の食害問題が起こっており、釣魚として人気があることから、釣り業界などとの摩擦という、他の外来種とは違った面での問題も抱えている。大きいものでは全長50cm以上になる。

幼魚　兵庫県／2002.8（現地）／10cm

ブルーギル（バス科ブルーギル属）

北米産の外来魚で、1960年に静岡県一碧湖へ水産試験場による試験放流がなされたのを発端に、現在では全国に広まっている。鰓蓋の後縁に濃紺の斑点があることからこの名がある。非常に幅の広い雑食性で、繁殖力も強く、在来の生態系に与える影響がとても大きい。近年、各地で目に見えて増加しているように思う。オスは胸びれ周辺に黄色～朱色の婚姻色を現す。

♂　京都府／2003.9（現地）／14cm

♀　京都府／2003.9（現地）／11cm

幼魚　兵庫県／2003.9（現地）／4cm

シマイサキ（シマイサキ科コトヒキ属）

本州以南の沿岸域や汽水域に分布し、川にもよく進入するようである。その名の通りきれいな縞模様の魚で、写真はおびえて黒っぽくなっているところである。泳ぎ方がかわいらしい。全長30cmになる。

幼魚　兵庫県／2002.9（現地）／3cm

カワアナゴ（ハゼ科カワアナゴ属）

茨城県以南の本州太平洋側、四国、九州、屋久島に分布する。体色の変化が激しい魚で、1つ目の写真では全体に濃褐色をしているが、その後15秒ほどで、同じ個体が2つ目の写真のような模様に変化した。その他に、白っぽい不明瞭な斑点が現れたり、濃褐色と黄土色のぶち模様になったりもする。飼育していると分かったことだが、体調が良い時は一様に褐色をしているか少し白っぽい不明瞭な斑点が現れていて、水質が悪化しているときはぶち模様、緊張しているときは写真2枚目のような模様になっている。全長25cmになる。

15秒後

静岡県／2003.8（4ヶ月）／10cm

ドンコ（ハゼ科ドンコ属）

中部地方以西に分布する、大型になるハゼの仲間で、25cm ほどになる。一生を川で過ごす。肉食性が強く、貪欲である。しかし、外来肉食魚と違って他種を駆逐してしまうことはなく、天然分布域ではバランスのとれた数で生息している。近年、ムギツクやオヤニラミと共に関東地方の一部で繁殖しているようで、その場合には、元々ドンコがいなかった場所であるから、与える影響は外来肉食魚と同じになってしまうだろう。ムギツクの托卵に関わる３種の移入は、確信犯的なものと思われ問題である。幼魚を飼育すると、よく慣れてとてもかわいらしい。気分によってよく色を変える。

幼魚　兵庫県／ 2002.8（現地）／ 6cm

ゴクラクハゼ（ハゼ科ヨシノボリ属）

秋田県・茨城県以南の各地に分布する。汽水域もしくは河川の下流部に多いようである。採集時は砂の中から現れることが多かった。大型のオスはひれが大きく広がり、優雅で美しい。

♂　静岡県／ 2003.3（現地）／ 10cm

シマヨシノボリ（ハゼ科ヨシノボリ属）

全国各地に分布する。頬の赤い線の模様が特徴的で見分けやすい。新潟で採った時は他のヨシノボリより警戒心が強い印象を受けた。オス、メスとも模様が美しく、卵を持ったメスの腹は青くなる。

♂　新潟県／ 2002.8（現地）／ 7cm

♀　新潟県／ 2002.10（1 ヶ月）／ 5cm

♂　静岡県／ 2003.3（現地）／ 9cm

クロヨシノボリ（ハゼ科ヨシノボリ属）

新潟県・千葉県以南の各地に分布する。目から吻にかけて入る赤と青の線が目立ち、尾びれの中央部分に縞模様が入るのが特徴である。特にオスは黒っぽい体色だが、良く見るとなかなか派手で美しい。小規模河川に多いようだ。3つ目の写真の個体は屋久島へ卒業旅行に出掛けた時に、細流で捕まえたものである。静岡県産に比べてやや体型が細長い気がする（目がオレンジ色なのは光の加減である）。

♂　静岡県／2003.3（現地）／6cm

♀　静岡県／2003.3（現地）／4cm

♀　鹿児島県／2003.4（1ヶ月）／5cm

オオヨシノボリ（ハゼ科ヨシノボリ属）

本州、四国、九州各地に分布する。大型のヨシノボリで10cmを超えることもある。小型個体の多いカワヨシノボリやトウヨシノボリばかり見ていた僕にとっては、ヨシノボリのイメージを打ち破るインパクトだった。

♂　静岡県／2003.3（現地）／9cm

♀　静岡県／2003.3（現地）／9cm

ルリヨシノボリ（ハゼ科ヨシノボリ属）

北海道〜九州にかけての各地に分布する。頬の瑠璃色に輝く斑点が特徴だが、緊張すると写真のように全身真っ黒になってしまい、頬の斑点も目立たなくなる。本種も大型で10cmほどになる。

♂　静岡県／2003.3（現地）／9cm

♀　静岡県／2003.3（現地）／9cm

トウヨシノボリ（ハゼ科ヨシノボリ属）

琉球列島を除く全国各地に分布する。地域変異が大きく、将来は複数種に分類される可能性が高いそうだ。名前の由来は尾びれ付け根のオレンジ色の斑だが、目立たないものも多い。本州のヨシノボリはカワヨシノボリを除いて、基本的に孵化後海に下ってある程度生活してから川に戻ってくるが、トウヨシノボリは降海しないものも多いそうである。また、地域によってオスの第一背びれが伸びるものと伸びないものが存在する。

♂　栃木県／2002.10（6ヶ月）／6cm

♀　新潟県／2002.8（現地）／6cm

幼魚　京都府／2002.10（2ヶ月）／3cm

カワヨシノボリ（ハゼ科ヨシノボリ属）

中部地方以西の本州、四国、九州に分布するヨシノボリで、水のきれいな川の上・中流部に多く、阪神間の川でもごく普通に見られる。降海せず、他のヨシノボリより卵が大きい。これは、稚魚が孵化直後から川で生活できるようにするためである。他のヨシノボリより胸びれの軟条数が少ないことから区別できるが、自分は見た目と生息地の状況から判断してしまっているので、反省しなければ…。地域変異が大きく、例えば3つ目の写真の静岡県産オス個体は尾びれ付け根の橙色斑が目立つが、同じ静岡県産でも、場所が変わると5つ目の写真のオス個体のように、斑紋が目立たないものもいる。個体間の変異も激しい。地元の川に棲むものはかなり警戒心が弱く、採集は簡単である。

♂　兵庫県／2003.8（現地）／6cm

♀　兵庫県／ 2003.8（現地）／ 5cm

♂　静岡県／ 2003.3（現地）／ 4cm

♀　静岡県／ 2003.3（現地）／ 3.5cm

♂　静岡県／ 2003.3（現地）／ 4.5cm

♂　静岡県／ 2003.3（現地）／ 4.5cm

ヌマチチブ（ハゼ科チチブ属）

全国各地に分布する。コンクリートの用水路、泥深い用水路、カジカが棲むような清流、河川下流部から汽水域にかけてと、様々な環境に生息する。近縁のチチブとの区別が難しい（僕にはまだよく分からない…）。かなり貪欲で、性質が荒い。

新潟県／ 2002.8 月（現地）／ 7cm

ジュズカケハゼ（ハゼ科ウキゴリ属）

全国各地に分布し地域変異が大きく、近似種も存在する。この魚はメスに婚姻色が発現するが、埼玉県産のものは黒と黄色の斑紋が出てひれが黒く大きくなる一方で、山形県産のものは 4 つ目の写真のように全く異なる婚姻色を現し、ひれの大きさはあまり雌雄差が無い。体型も埼玉県産と山形県産とでは異なるばかりか、水槽内での行動も異なる。地域によって生息場所も、川の上・中流部であったり（埼玉県）、ため池であったり（山形県）、違いが大きい。将来、数種類に分けられるそうである。詳しくは本文を参照。

♂　埼玉県／2002.10（6ヶ月）／5cm

♀　埼玉県／2002.10（6ヶ月）／6cm

♂　山形県／2003.2（5ヶ月）／6.5cm

♀　山形県／2003.1（4ヶ月）／6.5cm

ウキゴリ（ハゼ科ウキゴリ属）

全国各地の川や湖に分布する。ウキゴリ類には近縁種が３種いて、慣れないと互いの区別が難しい。ウキゴリには第一背びれの後縁に、大きめの黒斑があるのが特徴である。２つ目の写真の個体は大阪湾に流れ込む河川で採集したもの。

新潟県／2002.8（現地）／12cm

若魚　兵庫県／2003.8（現地）／7cm

シマウキゴリ（ハゼ科ウキゴリ属）

北海道から、太平洋側では茨城県、日本海側では福井県までの川に分布する。湖沼にはいないようだ。ウキゴリとよく似ているが、第一背びれの後縁の黒斑が小さいこと、胸びれの付け根に金色の線があること、尾びれの付け根にYの字を横に倒したような黒斑があること、そして、顔が扁平で他のウキゴリ類とは違った雰囲気であることなどから区別できる。

新潟県／2002.8（現地）／10cm

スミウキゴリ（ハゼ科ウキゴリ属）

全国各地に分布する。主に川の下流域や汽水域に多いようである。ウキゴリ類が2種または3種が同時に生息する場合は、川の中で棲み分けが行なわれているそうである。2つ目の写真は大阪湾に流れ込む河川で採集したもので、ウキゴリと同時には採れず、より下流側で採集された。スミウキゴリには、他の2種にはある第一背びれの後縁の黒斑がないことが特徴である。

新潟県／2002.8（現地）／11cm

♀　兵庫県／2003.8（現地）／12cm

マハゼ（ハゼ科マハゼ属）

全国各地に分布する。主に内湾や汽水域に生息し、河川に遡上することもある。地元の川でも夏の終わりから秋にかけて、たくさん川に上がってきているのを目にすることができる。地元の川でウキゴリやスミウキゴリと同時期に採集されるときは、短い区間ながらも各種がいる場所がくっきり分かれているのがおもしろい。どの種も海から遡上してきているのだが、ウキゴリは満潮時でも海水が逆流してこない区間から見ることができるのに対し、マハゼは干潮時は淡水でも満潮時には海水が逆流してくる区間までしか見られず、それより上流側にはほとんどいない。スミウキゴリは海水が逆流してくる区間の最も上流側で見られた。

兵庫県／2003.8（現地）／12cm

ミミズハゼ（ハゼ科ミミズハゼ属）

全国各地の河川下流域から汽水域に分布する。第一背びれは無く、細長い体をしており、さらにその茶褐色の体色からドジョウを思わせる。動きもくねくねしていてドジョウのようだ。体色の変化が激しく、同所で採れても明るい茶褐色から黒に近いようなものもいる。

静岡県／2003.8（4ヶ月）／4cm

静岡県／2003.8（4ヶ月）／4cm

ボウズハゼ（ハゼ科ボウズハゼ属）

関東地方以西の太平洋側と琉球列島に分布する。とても特徴的な顔つきをしているハゼで、一度見たら忘れられない。急流に適応しており、腹びれが変化してできている吸盤はとても強力で、ケースに入れて撮影した後、壁面にくっついてなかなか離れず、苦労したほどだ。その吸盤を指で触ってみるとなんとも言えない感触である。

♂　静岡県／2003.8（現地）／10cm

♀　静岡県／2003.8（現地）／9cm

アユカケ（カジカ科カジカ属）

神奈川県・秋田県以南の各地に分布する。日本海側に特に多いようである。兵庫県でも、日本海側の地域に生息しているそうだ。大型のカジカで、20cmほどになる。主に川の中流域に生息し、産卵は川の河口付近で行なわれて、孵化した稚魚は沿岸で生活したのちに、川に戻って来る。しかし、遊泳力が弱いがため、途中に堰堤などが築かれると遡上できなくなり、その川で一生を送ることができなくなる。名前の由来は、えらぶたにある棘でアユを引っ掛けて食べることからだそうだが、迷信だといわれたり、実際に見たことあるという人がいたり、真相は分からないので、ぜひ自分で確かめてみたいものである。また、味も良いらしく、一度食べてみたい魚だ。

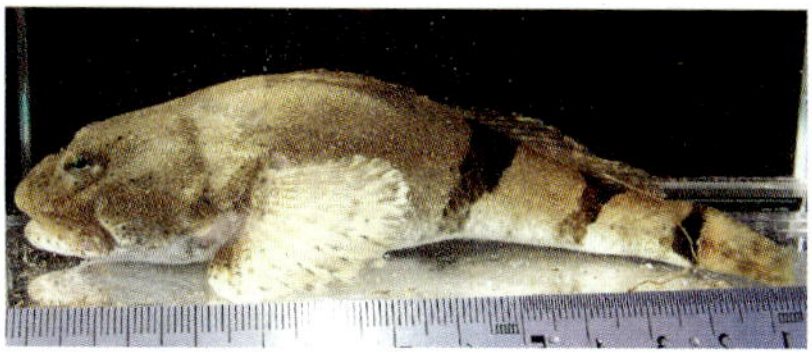

新潟県／2002.8（現地）／13cm

カジカ中卵型（カジカ科カジカ属）

カジカは、近年の分類で大卵型、中卵型、小卵型（ウツセミカジカ）に分けられていて、遺伝的に異なっているそうである。それぞれ卵の大きさが異なり、大卵型は一生を河川で暮らし、中卵型・小卵型は降海する。この生態はヨシノボリ類とよく似ている。中卵型は日本海側である北陸～信越地方に分布するそうである。それぞれは胸びれの軟条数で見分けられ、重なることもあるが、大卵型が12～14本程度、中卵型が14～15本程度、小卵型が16～18本程度だそうである。水の冷たい清流に生息し、きれいな水、良い環境の象徴のような魚である。

新潟県／2002.8（現地）／11cm

出会った魚たちの一覧

科	属	種	写真
ヤツメウナギ科	ヤツメウナギ属	スナヤツメ	○
ウナギ科	ウナギ属	ウナギ	○
キュウリウオ科	ワカサギ属	ワカサギ	○
	アユ属	アユ	○
サケ科	サケ属	ヤマメ	○
		アマゴ	―
コイ科	オイカワ属	ヌマムツ	○
		カワムツ	○
		オイカワ	○
	ウグイ属	ウグイ	○
		マルタ	○
	アブラハヤ属	アブラハヤ	○
	ワタカ属	ワタカ	○
	タモロコ属	タモロコ	○
	スゴモロコ属	コウライモロコ	○
		イトモロコ	○
	ムギツク属	ムギツク	○
	モツゴ属	モツゴ	○
		シナイモツゴ	○
	ヒガイ属	カワヒガイ	○
		ビワヒガイ	○
	カマツカ属	カマツカ	○
	ニゴイ属	ズナガニゴイ	○
		ニゴイ	○
	コイ属	コイ	○
	フナ属	キンブナ	○
		ギンブナ	○
		ゲンゴロウブナ	―
	アブラボテ属	ヤリタナゴ	○
		アブラボテ	○
	バラタナゴ属	タイリクバラタナゴ	○
	タナゴ属	カネヒラ	○
		シロヒレタビラ	○
		アカヒレタビラ	○
ドジョウ科	ドジョウ属	ドジョウ	○
	シマドジョウ属	スジシマドジョウ小型種山陽型	○
		スジシマドジョウ小型種東海型	○
		スジシマドジョウ中型種	○
		シマドジョウ	○
	ホトケドジョウ属	ホトケドジョウ	○
		ナガレホトケドジョウ	○